图像加密处理技术

吴 珍 著

北 京
冶 金 工 业 出 版 社
2025

内容提要

本书详细介绍了数字图像加密处理技术的相关理论和应用，内容包括绪论、数学理论基础、图像加密技术基础、多等级渐进式图像共享协议、具有核心参与者的图像共享协议、具有核心参与者的渐进式图像共享协议、智慧城市图像隐私保护模型、智慧家居监控视频隐私保护模型，以及基于GAN航拍图像隐私处理研究等内容。

本书可供图像加密处理技术研究、开发和应用的工程技术人员、研究人员使用，也可供大专院校信息安全技术、计算机科学与技术等专业的师生参考。

图书在版编目(CIP)数据

图像加密处理技术/吴珍著.—北京：冶金工业出版社，2023.11(2025.5重印)

ISBN 978-7-5024-9654-8

Ⅰ.①图…　Ⅱ.①吴…　Ⅲ.①图像处理—加密技术　Ⅳ.①TP391.413

中国国家版本馆CIP数据核字(2023)第206385号

图像加密处理技术

出版发行	冶金工业出版社	**电　话**	(010)64027926
地　址	北京市东城区嵩祝院北巷39号	**邮　编**	100009
网　址	www.mip1953.com	**电子信箱**	service@mip1953.com

责任编辑　郭冬艳　美术编辑　吕欣童　版式设计　郑小利

责任校对　范天娇　责任印制　禹　蕊

唐山玺诚印务有限公司印刷

2023年11月第1版，2025年5月第2次印刷

710mm×1000mm　1/16；9.5印张；182千字；138页

定价66.00元

投稿电话　(010)64027932　投稿信箱　tougao@cnmip.com.cn

营销中心电话　(010)64044283

冶金工业出版社天猫旗舰店　yjgycbs.tmall.com

(本书如有印装质量问题，本社营销中心负责退换)

前　言

图像加密处理技术是将加密算法应用于图像处理中，以保护图像的隐私和安全，属于信息安全领域的分支。

随着物联网的发展及智能设备的普及，人们可以采集到大量高质量、多元化的图像数据，图像处理技术已经成为我们生活中不可或缺的一部分。因此，图像信息的安全问题也日益成为人们关注的焦点。在这个信息化的时代，针对图像加密处理技术的研究和应用已成为保护图像信息安全的重要手段。图像加密处理是指将一幅图像转化为另一幅看起来很像原图，但实际上已经被加密的图像的过程。加密图像只有在得到密钥的情况下才能被还原为原始图像。图像加密可以保护图像的机密性和完整性，防止未经授权的访问和篡改。

本书从理论和实践两方面介绍了现代图像加密处理技术的发展趋势和应用实践，全面系统地介绍了图像加密处理技术的技术基础、理论协议和实践应用，深入探讨了现代图像加密处理技术的理论和应用，是读者全面了解图像加密处理技术的重要参考资料。

本书第 1 章绪论主要介绍了数字图像加密技术的背景和研究意义。数字图像在现代社会中的应用越来越广泛，但是随着技术的发展，图像的安全性问题也日益突出。因此，针对数字图像加密技术的研究和实践应用具有非常重要的意义。

第 2 章数学理论基础介绍了数字图像加密技术中所需要的数学理论基础，包括数论基础和有限域等内容。数论基础是数字图像加密技术中的基础，有限域则是数字图像加密算法中常用的数学工具。

第 3 章图像加密技术基础介绍了数字图像的基本概念和信息系统

密码学技术，以及图像加密中常用的秘密分享技术、基于多项式的图像共享协议、层级式图像共享协议和渐进式图像共享协议等内容。同时，本章还介绍了图像加密效果评价准则和衡量密码体制安全性的基本准则等内容，给出了几种针对图像加密效果的评估准则，用来评估图像加密算法的效果。

第 4 章多等级渐进式图像共享协议提出了一个图像共享协议，该协议采用了多等级渐进式的策略，可以实现对图像的安全共享和传输，在现实环境中，本章所提协议可以认为是一个方便且实用的工具。

第 5 章具有核心参与者的图像共享协议提出了一种图像共享协议，该方法不仅克服了以往工作中阴影图像大小不同、子阴影图像拼接复杂等缺点，而且在生成相同且较小的核心阴影图像和非核心阴影图像方面具有优势。

第 6 章具有核心参与者的渐进式图像共享协议提出了一种渐进式图像共享协议，实验结果表明，图像发布者和客户产生的计算复杂性和时间成本都很低，但效率很高。

第 7 章智慧城市图像隐私保护模型介绍了智慧城市图像隐私保护的理论基础和设计目标，提出了一种智慧城市图像隐私保护模型，在效率、安全性和灵活性方面具有较好的性能表现。

第 8 章智慧家居监控视频隐私保护模型介绍了智慧家居监控视频隐私保护的设计目标和攻击者模型，本模型充分地利用了云服务器辅助智能监控设备进行加密的计算工作，从而有效地降低了本地的计算负担，并且云服务器无需完全可信。

第 9 章基于 GAN 的航拍图像隐私处理，介绍了一种基于生成对抗网络的航拍图像隐私处理的模型，经过安全性分析表明该模型能够有效地抵御模型逆向攻击，具有较好的鲁棒性。

通过本书的学习，读者能够对现代图像加密处理技术有一个全面的了解和认识，掌握图像加密处理技术的基本原理、算法设计、安全性分析和应用实践等方面的知识，从而更好地应对图像信息安全的挑战，为信息安全事业的发展做出自己的贡献。

本书在编写过程中，得到了许多老师的帮助，并参考和引用了相关文献。在此向为我提供编写帮助的老师及相关文献的作者表示衷心感谢，特别感谢桂林电子科技大学计算机与信息安全学院刘忆宁教授给予我提供的大力支持。

本书内容涉及的有关研究得到了江西省教育厅科学技术研究项目（项目编号 GJJ210853、GJJ2200825）的资助。

由于编者水平有限，书中不足之处，恳请广大读者批评指正。

编 者
2023 年 6 月

目　录

1 绪论

近年来，随着物联网的发展及智能设备的普及，人们可以采集到大量高质量、多元化的图像数据。根据Counterpoint的Component Tracker的调查结果显示，在2020年第一季度，每部智能手机平均配备了3.5枚的图像传感器。近十年来，图像传感器的销售量呈井喷式增长，其销售量更是突破亿级大关。除了智能手机设备，全世界的网络社交平台、监控系统、工业设备、医疗设备上都配备着不计其数的图像采集器和图像处理单元，随时随地产生海量的图像信息，反映着有关人物、车辆位置、运动路线、产品状态、身体机能等实时状态。尤其是随着5G通信网络的建设，大量的监控设备接入了互联网（如图1-1所示），智慧医疗[1~8]、智慧城市[9~13]、智慧交通[14~24]等将会采集到各种各样的图像信息，大数据时代已经来临[25, 26]。

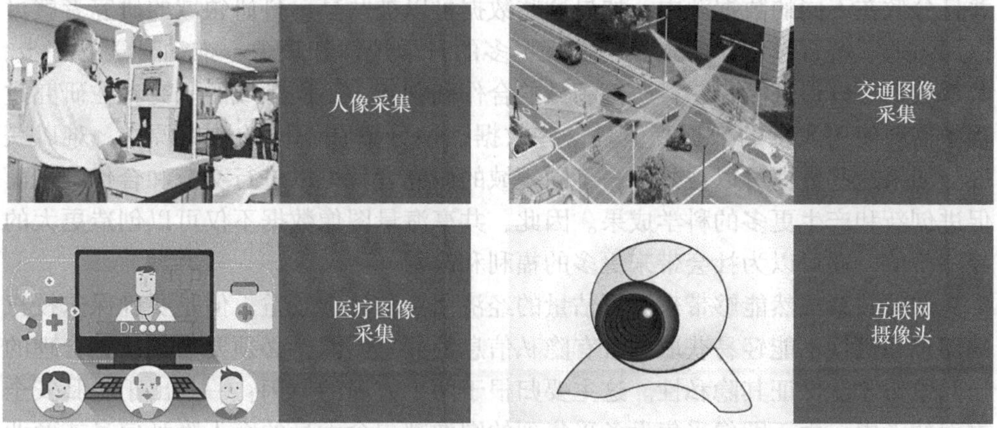

图1-1　多种图像采集的应用场景

海量图像数据有巨大的经济价值，甚至有非常重要的战略价值。如果把采集到的图像数据共享给数据需求者或者数据消费者，或将其应用于海量分析、保健研究、科学研究等领域，相比较现在孤立地存储在单个用户或单个部门手中，将会创造更大的社会效益和经济价值[27]。首先，共享数据可以促进不同领域的合作和创新，促进产业升级和经济发展。共享数据可以消除数据孤岛，让不同领域的研究者和企业可以更加全面地了解市场和消费者需求，更加深入地挖掘数据潜力，从而创造更多的价值。共享数据可以促进不同领域之间的合作和交流。不同领域的研究者和企业在研究和生产过程中需要使用大量的数据，但是这些数据往往分散在不同的数据源中，难以获取。如果共享数据，不同领域的研究者和企业就可以轻松地获取数据，进行交流和合作，从而促进创新和产业升级。共享数据可以帮助企业更好地了解市场和消费者需求。在市场竞争激烈的情况下，企业需要更好地了解市场和消费者需求，才能推出更符合市场需求的产品和服务。共享数据可以让企业更全面地了解市场和消费者需求，从而制定精准有效的市场策略，提高市场竞争力。其次，共享数据可以促进技术创新和产业升级。在数据共享的基础上，不同领域的研究者和企业可以进行更加深入的数据挖掘和分析，发现更多的数据价值和商业机会。这可以促进技术创新和产业升级，推动经济发展。共享数据可以帮助政府和企业更好地了解市场和消费者需求，提高决策的准确性和效率。此外，共享数据还可以促进医疗、科研等领域的发展，帮助人类更好地了解和探索自然界。共享数据可以帮助医疗领域更好地了解疾病和病因。医疗领域需要大量的病例数据来进行疾病研究和治疗方案制定。如果这些数据可以被共享，那么医疗领域的研究者就可以全面地了解疾病和病因，从而制定更加有效的治疗方案，提高治疗成功率。共享数据可以帮助科研领域更好地探索自然界。科研领域需要大量的数据来进行研究和探索，但是这些数据往往不易获取，并且分散在不同的数据源中。如果这些数据可以被共享，科研领域的研究者就可以深入地了解自然现象的本质，发现更多的科学规律和现象，推动科学的进步。共享数据可以促进医疗、科研等领域的合作和创新。不同领域的研究者在研究过程中需要使用大量的数据，但是这些数据往往分散在不同的数据源中，难以获取。如果这些数据可以被共享，不同领域的研究者就可以进行交流和合作，从而促进创新和产生更多的科学成果。因此，共享海量图像数据不仅可以创造更大的经济价值，还可以为社会带来更多的福利和改善。

图像共享虽然能够带来不可估量的经济回报和社会效益，但是要确保未授权的用户和机构不能轻易获取到含有隐私信息的共享图像，必须要为其设置合理的访问策略才能保证其隐私性。这主要归根于两个方面的原因：一是出于隐私安全方面的考虑，由于图像采集设备采集到的图像都包含大量的个人隐私信息或商业敏感信息，直接共享图像会将这些敏感信息公之于众，会给个人或企业带来潜在的危险或者造成无法估量的损失[28]。例如，在交通监控视频中，包含行人、车辆的位置及车牌号等信息的交通图像涉及公众隐私，通常是由交通执法部门负责管理；在患者的医疗影像中，包含了大量有关患者健康状况的信息，通常是由医院或者患者保管这些信息；在工业图纸中，包含了很多的有关产品设计的机密信息等，通常是由企业自己进行保密管理。二是出于对国家法律法规的遵守。由于近年来发生的数据泄露事件造成的影响越来越严重，已经扩展到国家经济、民生乃至个人的方方面面，保障包括图像在内的数据安全已经在国家层面引起关注。

因此，增强对图像数据保护的安全意识，维护国家安全是每个公民义不容辞的责任。在近几年时间里，无论在我国，还是在国际上，都先后密集出台了多项法律法规保障用户数据的安全[29]。在我国，《中华人民共和国网络安全法》《数据安全保障措施征求意见稿》和《密码法》等法律法规，都要求企业和个人不得滥用含有个人隐私的数据。在国际上，美国的《大数据：把握机遇，维护价值》、欧盟的《通用数据保护条例》、日本的《个人数据保护法修正案》、澳大利亚的《公共服务大数据战略》、巴西的《个人数据保护法（草案)》等，都重点强调了个人数据保护必须达到充分性保护的水平。因此，鉴于数据在经济和社会发展中展现出的重要性，所有行业都必须对图像数据进行分类和保护，并为不同类型的图像确立合理的访问控制模型，以防止这些数据被篡改、损坏、泄露或非法获取或使用，从而危害国家安全、公共利益和公民、组织的合法权益。

无论是从个人需求层面还是国家要求层面的角度看，都要求我们必须在图像共享之前，为其设置合理的访问策略。只有这样，才能保证只有授权的人员能够获得共享图像，并用于后续的使用和分析。而任何非授权的人员则不能获得有关共享图像的任何信息。

目前，在图像共享研究领域中，图像加密是最常见的通过设置访问策略（如图 1-2 所示），保护图像安全性的方法。传统的图像加密技术大多是基于对称加密技术[30~34]、非对称加密技术[35~51]等，但这些方法都是针对整张图像进行处理的，且需要相关密钥算法的支持。在这些方法中，假设发送方为原始图像拥有者，他想要将图像共享给授权的接收方。在这个过程中，需要发送方在通过信道传输之前，先利用密钥对要共享图像进行加密操作，通过公开信道传输给接收方，同时接收方也需要拥有匹配的解密密钥，才能完成图像解密，成功地获取到共享图像[52]。

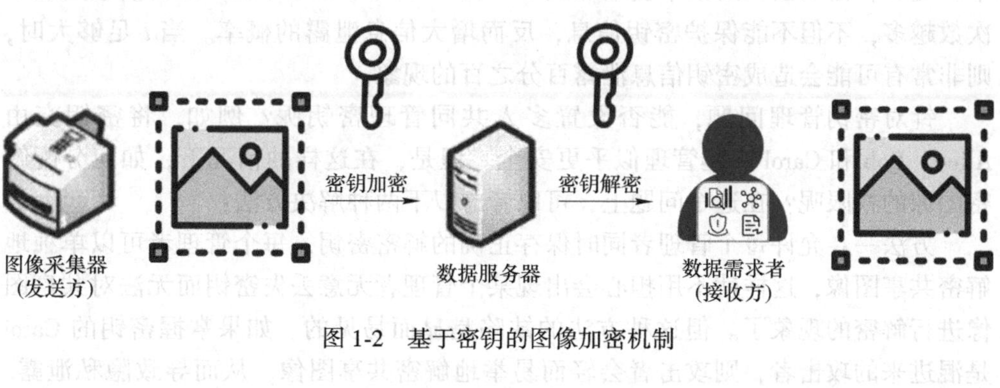

图 1-2 基于密钥的图像加密机制

在整个图像共享过程中，无论使用的哪种加密算法，都需要发送者或接收者安全保管密钥。在现实情况下，密钥的分发和存储是一件非常困难的事情[53]。接收者若丢失密钥，将无法获得共享图像。更糟糕的是，密钥一旦被攻击者复制或窃取，则共享图像将会被未授权的攻击者轻而易举地获得，后患无穷。所以，基于密钥的图像加密技术实际上是把对图像数据的保护问题转化为对密钥的保护问题。即使能够在安全的环境下分发和存储密钥，在现实应用中依然存在不少的障碍，例如，密文信息无论在哪个环节中被篡改，即使使用正确的密钥依然不能解出原图像，不能达到共享图像的初衷。基于密钥的图像加密技术具有较高的计算复杂度，加解密时间较长，不能做到对图像数据的实时处理。

由于传统的图像加密技术具有局限性，不能灵活地适应现实中各种各样的场合，尤其是在有风险分散、丢失容忍、联合管理、高效解密等需求的实际应用中。进一步，随着科技的加速发展，有限的计算设备需要面临着越来越多的数据资源，因此对高效计算的需求也越来越多。如何降低图像共享过程中的计算复杂度也是一个值得研究的问题。例如：假设有一张关键性工程图纸，在其存储过程中，依据不能把所有鸡蛋放在一个篮子中的道理，需要使用风险分散的特性。同时，在传输工程图纸的过程中，需要使用具有丢失容忍特性的多路传输，防止在单路传输过程中出现传输出错等现象。除此之外，由于该图纸可能涉及重大安全问题，因此该图纸的保管机制需要具有多用户联合管理的特性，防止该工程图纸被单独查看。在设备计算能力有限的情况下，如户外应用，高效的解密算法无疑能够节省计算时间，从而进一步推进工程执行进度。

针对密文遭到篡改或丢失的问题，是不是通过设置多个相同的密文信息就可以解决呢？事实上，这种方法在现实应用中可能会适得其反。多个相同密文信息的存储不仅会增大存储负担，反而增加了攻击者获得该信息的概率。例如，假设之前把密钥直接存储在某个介质，其丢失而造成备份数据泄露的概率是 p，若采用复制存储的方法，将密钥复制成相同的 t 份，分别存储在泄露概率相同的介质中，此时，密钥丢失的概率会增加到 $1-(1-p)^t$。由此可见，秘密信息复制的次数越多，不但不能保护密钥信息，反而增大信息泄露的概率。当 t 足够大时，则非常有可能会造成密钥信息泄露百分之百的现象。

针对密钥管理问题，能否设置多人共同管理密钥呢？例如，将密钥交由 Alice、Bob 和 Carol 一起管理似乎更安全。但是，在这样的情况下，如何分配解密图像的权限呢？在这个问题上，可以考虑以下两种解决方法：

方法一：允许每个管理者同时保存正确的解密密钥，每个管理者可以单独地解密共享图像，这样就不用担心会出现某个管理者无意丢失密钥而无法对共享图像进行解密的现象了。但这种方法的缺陷是显而易见的。如果掌握密钥的 Carol 是混进来的攻击者，则攻击者会轻而易举地解密共享图像，从而导致隐私泄露。这种方法十分的危险。

方法二：所有的管理者同时在场时，才能利用密钥解密出正确的共享图像。显然，这种方法也是不可取的。当 Alice、Bob 和 Carol 中的任何一个人丢失密钥或者受到攻击者的侵入，就无法完成图像的解密工作。

由此可以看出，在上述的两种方法中，对密钥的管理权力分配上都存在过犹不及的问题，达到了适得其反的效果。第一种方法使得权力过于集中，而第二种方法权力又过于分散。那么，这两者之间是否有任何妥协的办法？

为了应对上述场景中存在的各种问题，早在 1979 年，RSA 发明者之一的 Shamir 就对上面的问题进行了思考，并给出了一种解决方法[54]。针对密钥管理问题，可以将密钥信息当作是秘密信息。在密码学中，这个问题可以归类于秘密分享问题，具体来说，就是如何利用密码技术将秘密信息分割存储，在防止权力过于集中的同时还能达到风险分散、容忍入侵的目的。Shamir 的解决方案是通过设置一个门限条件（k，n），其中 k 和 n 都是正整数且满足条件 $1<k<n$，才实现了对密钥管理权力分配得恰到好处。因此，Shamir 的解决方案也被称为（k，n）门限秘密分享方案，其工作原理具体如下：

（1）预先设定好将秘密 s（例如：密钥）交由多少人保管（假定为 n 人），当不少于多少人在场时可以恢复该秘密信息（假定为 k 人）；

（2）将秘密 s 合理地拆分为 n 份，每一份称为一个份额（share）并分别分发给每个参与者（例如：密钥管理员 A、B、…、N）进行保管；

（3）当需要恢复秘密 s 时，需要至少 k 个参与者聚集在一起，他们各自拿出自己掌握的份额，通过计算可以恢复出 s 的值，而任何少于 k 个参与者的拼凑是无法恢复出秘密 s 的。

基于以上原理，就可以把解密共享图像的密钥拆成三个份额，Alice、Bob 和 Carol 每人掌握其中的一个份额且互不重复，并提前设置好，通过三人中的其中两人的合作，可以恢复密钥，从而完成图像的解密操作。这样的话，既不会使密钥管理权力过于集中，也不会过于分散，取其中间，起到了风险分散、容忍入侵的效果。

那么，密钥管理的问题解决了，密文信息的管理又要如何解决呢？为什么不把密钥和密文信息一起管理呢？为此，Thien 和 Lin 在文献［55］中给出了一种解决方法。由于这个方法依然沿用 Shamir 提到的（k，n）门限原理，因此被称为（k，n）门限图像共享协议。如图 1-3 所示，在图像分享过程中，可以把整张共享图像当作秘密信息，进行编码并分割成 n 个份额。此时，每个份额是以图像的形式表现出来的，因此，每个份额也可以被称为阴影（Shadow）或者阴影图像（Shadow Image）。具体来说，在（k，n）门限图像共享协议中，存在三方实体，分别为发送方、接收方和重构方。发送方又可以被称为经销商，拥有原始的共享图像，主要负责根据共享算法将共享图像分割并编码成多个份额，并分别传送给接收者。接收方也可以被称为参与者，它不是单指某个用户，而是由多个用户共同组成的。参与者不单单指人员，也可以代表云服务器、边缘节点等具有计

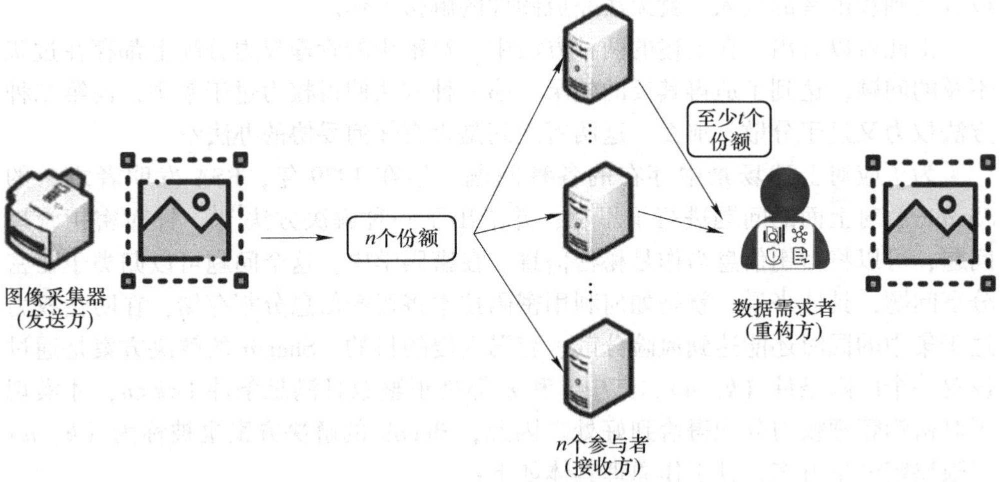

图 1-3 (k, n) 门限图像分享机制

算和存储能力的设备。每个参与者都负责接收并保存一份份额。重构方是想要利用参与者持有的份额重构出共享图像的一方，在现实应用中，可充当数据需求者，可以重构出共享图像并应用于后续的处理和分析，以创造更高的价值。事实上，图像分享中的三个实体可以一人扮演多个角色。例如，重构方也可以是参与者的一员，可以联合其他参与者重构共享图像。

利用基于秘密分享技术的图像共享协议，一方面可以将共享图像在传输之前先转化为类似噪声图像，保护共享图像的安全；另一方面也可以为共享图像设置合理的访问策略。此外，基于秘密分享技术的图像共享协议不需要密钥算法的支持，且具有风险分散、丢失容忍的特性。假设发送方对共享图像进行秘密分割，然后分别分发给多个不同的参与者，如：笔记本、手机、云端、智能卡等设备。当数据重构方通过从多个参与者手中收集到足够的份额时，就可以恢复出共享图像。当少数参与者遭到攻击者侵入时，不会造成共享图像的泄露，依然可以利用其他设备恢复出共享图像。因此，与传统的基于密钥的图像加密算法相比较，基于秘密分享的图像共享协议可以大大降低共享信息泄露的概率。

图像共享协议具有多元化的特征，能够更广泛地应用在现实场景中。图像共享协议的核心思想是以适当的方式分割共享图像，然后分别进行编码，产生多个份额。为了防止秘密过于集中，每个份额可交由不同的参与者进行管理。在重组共享图像时，需要多个参与者之间相互合作，单个参与者无法重组共享图像。同时，图像共享协议具有丢失容忍特性，即当任何参与者出现“掉线”或少数秘密份额出现不可逆损坏现象时，共享图像仍可以由其他参与者合作恢复。除此之外，对攻击者而言，想要攻破图像共享协议是一件非常困难的事情[56]。由于单个份额的截取不再能够推断出共享图像的任何信息，这就迫使攻击者需要收集到更多的份额才能获得共享图像。而这个工作量是以往的若干倍，需要攻击者消耗大量的、难以承受的资源。因此，秘密分享技术为共享图像所创建的“安全堡垒”是难以攻破的。

事实上，传统的图像共享协议需要被改造，使其附有更多优秀的特征。图像共享协议设计的关键在于如何设计出更好的分割方式和重构方式，使其可以更加高效、灵活地适应不同的应用场景。例如，在传统的图像共享协议中，共享图像在重构过程中仅仅面临两种结果：完全正确恢复或完全不能恢复。然而在很多应用中，例如图像交易系统、付费电视系统中，都需要共享图像在重构过程中实现渐进式恢复，这就需要学者们对渐进式图像共享协议进行研究。除此之外，每个参与者，即个人份额，在重建过程中通常表现出相同的贡献或参与。但实际上，由于参与者在官方或社交领域的地位或重要性的不同，他们并不期望自己所持有的份额与其他人拥有相同的信息量。因此，有必要给出一种方法来生成具有不同优先级的份额，分别分发给不同类别的参与者，这就需要对具有核心参与者的共享图像分享进行研究。除此之外，如何设计出满足上述功能的高效的图像共享协议也成为了本书的主要研究内容。

秘密分享技术在现实生活中有很多应用。例如，秘密分享技术可以应用于联邦学习中[57]，通过将 Top-K 梯度选择和秘密分享技术相结合，以达到在保证用户隐私和数据安全的同时大幅度提高通信效率。秘密分享也可以被用于电子投票系统中[58~60]，以加强表决协议对权力的可靠性。在电子投票中，每一票都必须保密，选民的身份必须得到保护。每个选票被划分成不同的份额，随机分配给许多政党。每个政党都不能得到关于选票的任何信息。只有在特定数目的政党联合起来的情况下，才能恢复投票结果。秘密分享技术还可以与区块链技术相结合[61~65]。以太坊的创始人 Vitalik Buterin 认为，秘密分享一方面有助于加强分散的自治组织，另一方面，许多离线的比特币钱包使用秘密共享来保护加密货币持有者的私钥。此外，秘密分享技术能够在提高信息在区块链中的分散性和安全性也有所增益。

综上所述，如何以一种有效的方式来确保图像共享中的安全的问题，无论在工业界还是学术界，都受到了广泛的关注。在图像共享协议中，对图像信息进行隐私保护问题的研究，不仅具有理论意义，同时具有很高的应用价值。

与此同时，由于图像是多媒体的基础要素之一，因此对图像共享系统的研究也可以扩展到视频、音频等多媒体领域，能够在一定程度上促进密码学与图像处理、通信理论等多学科的交叉结合，为网络空间安全和计算机视觉的发展贡献一份力量。

2 数学理论基础

2.1 数论基础

2.1.1 因子分解

定义 2.1（素数） 只能被 1 和该数本身除尽的数称为素数。

定义 2.2（互素） 两个整数的最大公约数 k，以 $\gcd\{a, b\}$ 表示。其中，k 满足：

（1）$k \mid a$，$k \mid b$；

（2）对任意 $k' \mid a$，$k' \mid a$，$k' \mid b \Rightarrow k' \mid k$；

即 $\gcd\{a,b\}=\max\{k : k \mid a$ 且 $k \mid b\}$。若 $\gcd\{a,b\}=1$，则称整数 a，b 彼此互素。

定理 2.1 若 $a=bq+r$，则 $\gcd\{a,b\}=\gcd\{b,r\}$。

定理 2.2 每一双不全为零的整数，必有一个正的最大公约数。

定理 2.3 若 $d=\gcd\{a,b\}$，则存在整数 p 和 q，使得 $d=pa+qb$。

2.1.2 同余类

定义 2.3（同余类） 若 $m \mid (a-b)$，即 $a-b=km$，则说 a 和 b 同余，记以 $a \equiv b(\bmod m)$，m 称为这个同余式的模。

定理 2.4 模 m 的同余关系满足

（1）自反的：$a \equiv a(\bmod m)$；

（2）对称的：若 $a \equiv b(\bmod m)$，则 $b \equiv a(\bmod m)$；

（3）传递的：若 $a \equiv b(\bmod m)$，$b \equiv c(\bmod m)$，则 $a \equiv c(\bmod m)$。

定理 2.5 若 $a \equiv b(\bmod m)$，$c \equiv d\ (\bmod m)$，则：

（1）$a \pm c \equiv b \pm d(\bmod m)$；

（2）$ac \equiv bc(\bmod m)$。

定理 2.6 若 $ac \equiv bc(\bmod m)$，且 c 和 m 互素，则 $a \equiv b(\bmod m)$。

2.1.3 线性同余式

定理 2.7（同余式） $ax \equiv b(\bmod m)$ （2.1）

方程（2.1）有解的充要条件是 $d \mid b$，其中 $d=(a, m)$。

令 $m' = m | d$，若 x_0 是方程（2.1）的一个解，则所有解均满足 $x \equiv x_0(\bmod m')$。

定理 2.8 两个同余式 $x \equiv b_1(\bmod m_1)$、$x \equiv b_2(\bmod m_2)$ 有一个共同解的充要条件是：$b_1 \equiv b_2(\bmod d)$，$d \equiv \gcd(m_1, m_2)$。

定理 2.9 对于联立同余式 $x \equiv b_i(\bmod m_i)$，$i=1, 2, \cdots, n$ 有一个共同解的充要条件是：$\gcd\{m_i, m_j\} | gcd\{b_i, b_j\}$，$i \neq j$，$j=1, 2, \cdots, n$。

定理 2.10 若 $a \equiv b(\bmod m_1)$，$a = b(\bmod m_2)$，$\cdots$，$a \equiv b(\bmod m_k)$，则

$$a \equiv b \bmod [m_1, m_2, \cdots, m_k]$$

定理 2.11（中国剩余定理） 设 m_1，m_2，$\cdots$，m_k 是两两互素的正整数，则 $x \equiv b_i(\bmod m_i)$，$i=1, 2, \cdots, k$，则模 $[m_1, m_2, \cdots, m_k]$ 有唯一解。

2.2 有限域

2.2.1 群

定义 2.4 给定一集合 $G=\{a, b, \cdots\}$ 和该集合运算 $*$，满足以下四个条件的代数系统 $< G, * >$ 称为群。

（1）封闭性：若 a，$b \in G$，则存在 $c \in G$，使 $a * b=c$。

（2）满足结合律：a，b，$c \in G$，恒有 $(a * b) * c=a *(b * c)$。

（3）勋在单位元素 e：存在 $e \in G$，对 $\forall a \in G$，恒有 $a * e=e * a=e$。

（4）存在逆元素：对于 $\forall a \in G$，恒有 $b \in G$ 使 $a * b=b * a=e$，元素 b 称为 a 的逆元素，用 a^{-1} 表示，即 $b=a^{-1}$。

若对 $\forall a$，$b \in G$，有 $a * b=b * a$，则称 $<G, *>$ 为阿贝尔群。

2.2.2 有限域

定义 2.5 F 是至少含有两个元素的集合，对 F 定义两种运算“+”和“$*$”，并且满足以下三条件的代数系统 $<F, +, *>$ 称为域：

（1）F 的元素关于运算“+”构成阿贝尔群，设其单位元为 0。

（2）F\{0} 关于运算“$*$”构成阿贝尔群。

（3）对于 a，b，$c \in F$，分配率成立，即 $(a+b) * c=a * c+b * c$，$c *(a+b)=c * a+c * b$。

一个有限域 F 是指只含有限个元素的域，F 的阶是指 F 中的元素的个数。有限域又称为 Galois 域。若域 F 的阶为 n，则可将 F 记为 F_n 或 $GF(n)$。

定理 2.12 设 F 是一个特征为素数 p 的有限域，则 F 中元素个数为 p^n，n 是一个正整数。

定理 2.13（存在性） 对于任何素数 p 和任意正整数 n，总存在一个有限域恰好含有 p^n 个元素。

定理 2.14（唯一性） 任意两个 $q=p^n$ 元域都同构，即 p^n 元域在同构意义下是唯一的。

定理 2.15 设 F_q 是 q 元域，则其乘法群 F_q^* 是一个循环群。（注意：F_q^* 指的是 F_q 中所有非零元构成的集合）

由于 AES 加密标准算法中是以字节为处理单元的，可以将每一个字节看作是有限域 $GF(2^8)$ 上的一个元素，分别对应于一个次数不超过 7 的多项式。例如：$b_7b_6b_5b_4b_3b_2b_1b_0$ 可表示多项式 $b_7x^7+b_6x^6+b_5x^5+b_4x^4+b_3x^3+b_2x^2+b_1x+b_0$。还可以将每个字节表示为一个十六进制数，即每 4 比特表示为一个十六进制数，代表较高位的 4 比特的符号仍在左边。例如，01101011 可表示为 6B。

定义 2.6 在 $GF(2^8)$ 上的加法运算定义为二进制多项式的加法，且其系数模 2。

例如："57"+"83"="D4"，用多项式表示为：

$$(x^6+x^4+x^2+x+1)+(x^7+x+1)=x^7+x^6+x^4+x^2(\bmod m(x))$$

定义 2.7 在 $GF(2^8)$ 上的乘法（用符号 · 表示）定义为二进制多项式的乘积模一个次数为 8 的不可约多项式 $m(x)=x^8+x^4+x^3+x+1$，它的十六进制表示为"11B"。

例如："57" · "83"="C1" 可表示为以下多项式乘法：

$$(x^6+x^4+x^2+x+1)\cdot(x^7+x+1)=x^7+x^6+1(\bmod m(x))$$

定义 2.8 对任何次数小于 8 的多项式 $b(x)$，可用推广的欧几里得算法得 $b(x)a(x)+m(x)c(x)=1$，即 $a(x)\cdot b(x)=1\bmod m(x)$。因此，$a(x)$ 是 $b(x)$ 的乘法逆元。

4 个字节构成的向量可以表示为系数在 $GF(2^8)$ 上的次数小于 4 的多项式。多项式的加法就是对应系数相加。换句话说，多项式的加法就是 4 字节向量的逐比特做异或操作。

规定多项式的乘法运算必须要取模 $M(x)=x^4+1$，这样使得次数小于 4 的多项式的乘积仍然是一个次数小于 4 的多项式，将多项式的模乘运算记为⊗，设 $a(x)=a_3x^3+a_2x^2+a_1x+a_0$，$b(x)=b_3x^3+b_2x^2+b_1x+b_0$，$c(x)=c_3x^3+c_2x^2+c_1x+c_0$，由于 $x^j\bmod(x^4+1)=x^{j\bmod 4}$，所以

$$c_0=a_0b_0\oplus a_3b_1\oplus a_2b_2\oplus a_1b_3;$$
$$c_1=a_1b_0\oplus a_0b_1\oplus a_3b_2\oplus a_2b_3;$$
$$c_2=a_2b_0\oplus a_1b_1\oplus a_0b_2\oplus a_3b_3;$$
$$c_3=a_3b_0\oplus a_2b_1\oplus a_1b_2\oplus a_0b_3。$$

可将上述计算式表示为：

$$\begin{pmatrix}c_0\\c_1\\c_2\\c_3\end{pmatrix}=\begin{pmatrix}a_0&a_3&a_2&a_1\\a_1&a_0&a_3&a_2\\a_2&a_1&a_0&a_3\\a_3&a_2&a_1&a_0\end{pmatrix}\begin{pmatrix}b_0\\b_1\\b_2\\b_3\end{pmatrix}$$

其中元素的加法和乘法为 $GF(2^8)$ 域上的运算。

定理 2.16 系数在 $GF(2^8)$ 上的多项式 $a_3x^3+a_2x^2+a_1x+a_0$ 是模 x^4+1 可逆的，当且仅当矩阵 $\begin{pmatrix} a_0 & a_3 & a_2 & a_1 \\ a_1 & a_0 & a_3 & a_2 \\ a_2 & a_1 & a_0 & a_3 \\ a_3 & a_2 & a_1 & a_0 \end{pmatrix}$ 在 $GF(2^8)$ 上可逆。

3 图像加密技术基础

3.1 数字图像

3.1.1 图像的概念和分类

图像是对客观对象的一种相似性的、生动的描述或表示。图像的种类很多，属性及分类方法也很多。从不同的视角看图像，其分类方法也不同。

(1) 按人眼的视觉特点对图像分类。按人眼的视觉特点，可将图像分为可见图像和不可见图像。其中可见图像又包括生成图像（通常称为图形或图片）。图形侧重于根据给定的物体描述模型、光照及想象中的摄像机的成像几何，生成一幅图或像的过程。光图像侧重于用透镜、光栅和全息技术产生的图像。我们通常所指的图像是后一类图像。不可见的图像包含不可见光（如 X 射线、红外线、紫外线、超声、磁共振等）成像和不可见量成像，如温度、压力及人口密度的分布图等。

(2) 按波段分类。按波段可将图像分为单波段、多波段和超波段图像。单波段图像在每个像素点只有一个亮度值；多波段图像上的每一个像素点具有不止一个亮度值，例如红、绿、蓝三波段光谱图像或彩色图像在每个像素具有红、绿、蓝三个亮度值，这三个值表示在不同光波段上的强度，人眼看来就是不同的颜色；超波段图像上每个像素点具有几十或几百个亮度值，如遥感图像等。

(3) 按空间坐标和明暗程度的连续性分类。按空间坐标和明暗程度的连续性，可将图像分为模拟图像和数字图像。模拟图像的空间坐标和明暗程度都是连续变化的，计算机无法直接处理。数字图像是指其空间坐标和灰度均不连续、用离散的数字表示的图像，这样的图像才能被计算机处理。因此，数字图像可以理解为图像的数字表示，是时间和空间的非连续函数（信号），是由一系列离散单元经过量化后形成的灰度值的集合，即像素的集合。因此，数字图像，又称数码图像或数位图像，是二维图像用有限数字数值像素的表示。由数组或矩阵表示，其光照位置和强度都是离散的。数字图像是由模拟图像数字化得到的、以像素为基本元素的、可以用数字计算机或数字电路存储和处理的图像。

像素（或像元，Pixel）是数字图像的基本元素，像素是在模拟图像数字化时对连续空间进行离散化得到的。每个像素具有整数行（高）和列（宽）位置坐标，同时每个像素都具有整数灰度值或颜色值。通常，像素在计算机中保存为二维整数数组的光栅图像，这些值经常用压缩格式进行传输和储存。数字图像可以分为三类：（a）二值图像；（b）灰度图像；（c）彩色图像。

二值图像（Binary Image）是指将图像上的每一个像素只有两种可能的取值或灰度等级状态，人们经常用黑白、B&W、单色图像表示二值图像，图 3-1（a）展示了“Lena”的二值图像形式。二值图像是指在图像中，灰度等级只有两种，也就是说，图像中的任何像素点的灰度值均为 0 或者 255，分别代表黑色和白色。二值图像一般用来描述字符图像，其优点是占用空间少，缺点是，当表示人物，风景的图像时，二值图像只能展示其边缘信息，图像内部的纹理特征表现不明显。这时候要使用纹理特征更为丰富的灰度图像。

(a) (b) (c)

图 3-1 以“Lena”为例的二值图像、灰度图像和彩色图像
（a）二值图像；（b）灰度图像；（c）彩色图像

灰度图像（Gray Scale Image）又称灰阶图，是每个像素只有一个采样颜色的图像，这类图像通常显示为从最暗黑色到最亮的白色的灰度，图 3-1（b）以“Lena”为例展示其灰度图形式。尽管理论上这个采样可以任何颜色的不同深浅，甚至可以是不同亮度上的不同颜色。灰度图像与黑白图像不同，在计算机图像领域中黑白图像只有黑色与白色两种颜色。但是，灰度图像在黑色与白色之间还有许多级的颜色深度。灰度图像经常是在单个电磁波频谱如可见光内测量每个像素的亮度得到的，用于显示的灰度图像通常用每个采样像素 8 位的非线性尺度来保存，这样可以有 256 级灰度（如果用 16 位，则有 65536 级）。

彩色图像（Color Image）每个像素通常是由红（R）、绿（G）、蓝（B）三个分量来表示的。R、G、B 是由不同的灰度级来描述的，分量介于 0~255 之间。图 3-1（c）展示了以“Lena”为例的彩色图像形式。

3.1.2 图像的特点

图像是人类获取信息、表达信息和传递信息的重要手段。因此，数字图像处理技术成为信息科学、计算机科学、工程科学等诸多领域的学者研究图像的有效工具。

针对数字图像的特性，与之相应的数字图像处理具有如下特点：

(1) 处理的信息量较大。如一个 256×256 像素的低分辨率黑白（二值）图像，需要约 64kbit 的数据量；对于高分辨率彩色 512×512 像素的图像，则需要 768kbit 数据量；如果要处理 30 帧/s 的电视图像序列，则每秒需要 500kbit ~ 22.5Mbit 数据量。因此，数字图像处理对计算机的计算速度、存储容量等都有较高的要求。

(2) 占用的频带较宽。与语言信息相比，图像占用的频带要大几个数量级。如电视图像的带宽约 5.6MHz，而语音带宽仅为 4kHz 左右。所以在成像、传输、存储、处理、显示等各个环节的实现上，技术难度较大，成本也高，这就对频带压缩技术提出了更高的要求。

(3) 数字图像中各个像素是不独立的，相关性较大。在图像画面上，常有多个像素有相同或接近的灰度或颜色。就电视画面而言，同一行中相邻两个像素或相邻两行间的像素，其相关系数可达 0.9 以上，而相邻两帧之间的相关性比帧内相关性一般来说还要更大些。因此，图像处理中在信息压缩方面具有很大潜力。

(4) 结果图像一般是由人来观察和评价的。对图像处理结果的评价受人的主观因素影响较大。由于人的视觉系统很复杂，受环境条件、视觉性能、人的情绪爱好以及知识状况影响很大，对图像质量的评价还有待进一步深入研究。例如，什么是感知的初始基元、基元是如何组成的、局部感知的关系、优先敏感的结构、属性、时间特征等，这些都是心理学和神经心理学正在着力研究的课题。

3.2 信息系统密码学技术

在海量数据时代，个人信息的非法收集和利用以及无处不在的数据监控对公民的信息隐私构成了巨大的威胁。大数据从根本上改变了传统的国家管理和社会生活模式，数据的收集和利用已成为不可逆转的趋势。然而，科学革命不仅带来了奇迹，也产生了负面影响。我们可以享受大规模数据分析和预测的效率和便利，而不必以公民的隐私为代价。

以图像隐私保护问题来说，由图像采集设备采集到的图像，当需要共享给其他用户或机构时，需要为其设置合理的访问策略，如图 3-2 所示，按照隐私保护的要求，应当只有授权的人员能够拿到共享图像，并将之用于后续的使用和分析，而任何非授权的人员则不能获得有关共享图像的任何信息。

保护图像的直观想法是使用传统的加密工具对其进行加密，因此加密算法是

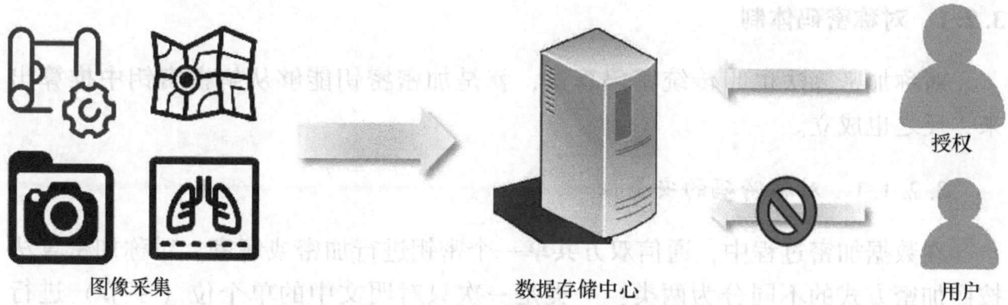

图3-2 图像共享中的访问权限设置

密码学的核心内容。加密是把明文转换成不可读形式的密文的过程。解密是加密的逆过程，从加密过的信息中得到明文信息。其中，加密时所采用的一组规则称为加密算法，法制解密时所采用的一组规则称为解密算法。通常加密、解密都会涉及一组密钥，分别称为加密密钥和解密密钥。密码在早期对文字或数字进行加解密变换，随着通信技术的发展，加解密的对象扩展到了语音、图像、数据等多种媒体。

现代密码体制主要包括两类：如果加密密钥和解密密钥相同，那么这种加密体制就称为对称密码体制，因为该密码体制的安全性依赖于密钥，所以也叫私钥密码体制。如 DES、RC5、IDEA 等；如果加密密钥和解密密钥不同，那么相应地称为非对称密码体制。这种密码体制安全性建立在数学难题的基础上，如大数分解、离散对数等，很难从一个密钥推出对应的另外一个，公开其中一个并不影响其安全性。所以该密码体制也叫公钥密码体制，如 RSA、DSA 等。

与密码体制相对抗的是密码分析。密码分析是研究密码体制的破译问题，即破译者试图在不知道加密密钥的情况下，从截取到的密文恢复出明文消息或密钥。密码分析方法其实是指密码攻击方法，根据密码分析者可能取得的分析资料的不同，密码分析方法可分为四类：

（1）唯密文分析（攻击）。密码分析者取得一个或多个用同一密钥加密的密文。

（2）已知明文分析（攻击）。除要破译的密文外，密码分析者还取得一些用同一密钥加密的密文对。

（3）选择明文分析（攻击）。密码分析者可取得他所选择的任何明文所对应的密文（不包括他要恢复的明文），这些密文对和要破译的密文是用同一密钥加密的。

（4）选择密文分析（攻击）。密码分析者可取得他所选择的任何密文所对应的明文（要破译的密文除外），这些密文和明文与要破译的密文是用同一解密密钥解密的，它主要应用于公钥密码体制。

3.2.1 对称密码体制

对称加密算法也叫传统密码算法，就是加密密钥能够从解密密钥中推算出来，反之也成立。

3.2.1.1 对称密码的安全性

在数据加密过程中，通信双方共享一个密钥进行加密或解密。对称加密算法按照加密方式的不同分为两类：一类是一次只对明文中的单个位（字节）进行运算，相应算法称为序列密码或者流密码；另外一类是将明文分为多个长度为 N 的数据块进行固定变换的操作，相应的算法称为分组密码。对称密码的安全性主要包括两个方面：

（1）密钥的安全性，密钥必须保密并且确保有足够大的密钥空间，使得偷听者仅利用密文和加密算法进行穷举破译明文的做法不可行。

（2）加密算法的安全性，算法内容不需要保密，可以公开，也可以被分析。但是算法本身具有良好的密码特性，能够很好地抵抗差分和线性分析等。但是算法本身具有良好的密码特性，能够很好地抵抗差分和线性分析等。

3.2.1.2 常见的对称密码的算法

（1）DES（Data Encryption Standard）算法。DES 算法是由 IBM 为美国政府于 20 世纪 70 年代开发的数据加密标准算法。它以 64 位为分组对数据进行加密。密钥通常表示为 64 位，实际有效长度是 56 位。随着计算机技术的发展，运用现代计算机能够在可以容忍的时间内破解 56 位的 DES 密钥。所以，为了提高其安全性，出现了一些 DES 的变种，如 2DES、3DES 等。

DES 算法作为一种数据加密标准，在各种领域得到了广泛应用。DES 算法的人口参数有三个：Key、Data、Mode。其中，Key 为 8 个字节共 64 位，是 DES 算法的工作密钥；Data 也为 8 个字节 64 位，是要被加密或被解密的数据；Mode 为 DES 的工作方式，有两种：加密或解密。

DES 算法是这样工作的：如 Mode 为加密，则用 Key 把数据 Data 进行加密，生成 Data 的密码形式（64 位）作为 DES 的输出结果；如 Mode 为解密，则用 Key 把密码形式的数据 Data 解密，还原为 Data 的明码形式（64 位）作为 DES 的输出结果。在通信网络的两端，双方约定一致的 Key，在通信的源点用 Key 对核心数据进行 DES 加密，然后以密码形式在公共通信网（如电话网）中传输到通信网络的终点，数据到达目的地后，用同样的 Key 对密码数据进行解密，便再现了明码形式的核心数据。这样，便保证了核心数据（如 PIN、MAC 等）在公共通信网中传输的安全性和可靠性。通过定期在通信网络的源端和目的端同时改用新的 Key，便能更进一步提高数据的保密性。

（2）IDEA 国际数据加密标准算法。IDEA 算法其分组长度是 64 位，密钥长度是 128 位。因为算法中使用了三个不同代数群下的混合运算及更长的密钥长度，具有比 DES 更强的密码分析抵抗能力。

3.2.2 非对称密码体制

非对称密钥加密算法，也叫公开密钥加密算法，是由 W. Diffie 和 M. Hellman 于 1976 年提出的。与传统密码算法不同，公钥密码算法是建立在数学函数的基础之上的。公钥密码的设计思想是用作加密的密钥不用于解密的密钥，而且解密密钥不能根据加密密钥计算出来（在合理假定的时间内）。所以通常把加密密钥公开，无需通过保密信道进行密钥交换。因为其密钥使用的非对称性，在密钥管理、分配、认证等方面弥补了传统密码的不足而有着深刻的意义。

与对称密码体制比较，非对称密码不再需要一个安全的信道来初始发布密钥，也不需要一个密钥管理中心来协调管理密钥的使用，公开密钥密码的这些特点为 Internet 网络应用提供了良好的安全技术基础，结合对称密码，能够为网络应用提供全面的安全保护。

常见的非对称加密算法有 RSA 算法和椭圆曲线算法（ECC）。

3.2.2.1 RSA 算法

当前最著名、应用最广泛的公钥系统 RSA 是在 1978 年由美国麻省理工学院（MIT）的 R. Rivest、A. Shamir 和 L. Adleman 在题为《获得数字签和公开钥密码系统的方法》的论文中提出的。RSA 是一个基于数论的非对（公开钥）密码体制，是一种分组密码体制，其名称来自三个发明者的姓名首字母。它的安全性是基于大整数因子素分解的困难性，而大整数因子素分解问题是数学上的著名难题，至今没有有效的方法予以解决，因此可以确保 RSA 算法的安全性。RSA 系统是公系统的最具有典型意义的方法，大多数使用公钥密码进行加密和数字签名的产品和标准使用的都是 RSA 算法，RSA 也能用于数字签名算法，因此它为用网络上信息的加密和鉴别提供了一种基本的方法。通常是先生成一对 RSA 密钥，其中之一是保密密钥，由用户保存；另一个为公开密钥，可对外公开，甚至可在网络服务器中注册，人们用公钥加密文件发送给个人，个人就可以用私钥解密接收。为提高保密强度，RSA 密钥至少为 500 位长，一般推荐使用 1024 位。

（1）该算法基于下面的两个事实，这些事实保证了 RSA 算法的安全有效性：

1）已有确定一个数是不是质数的快速算法。

2）尚未找到确定一个合数的质因子的快速算法。

（2）RSA 算法的基本思想为：

1）确定密钥的宽度。

2）随机选择两个不同的素数 p 除 q，它们的宽度是密钥宽度的二分之一。

3）计算出 p 和 g 的乘积 n。

4）在 2 和 $\Phi(n)$ 之间随机选择一个数 e，e 必须和 $\Phi(n)$ 互素，整数 e 用作加密密钥（其中 $\Phi(n)=(p-1)(q-1)$）。

5）从公式 $ed \equiv 1 \mathrm{mod} \Phi(n)$ 中求出解密密钥 d。

6）得公钥（e，n），私钥（d，n）。

7）公开公钥，但不公开私钥。

8）将明文 P（假设 P 是一个小于 n 的整数）加密为密文 C，计算方法为：$C=\mathrm{mod}\ n$。

9）将密文 C 解密为明文 P，计算方法为：$P=Cd\ \mathrm{mod}\ n$。

只根据 n 和 e（不是 p 和 q）要计算出 d 是不可能的。因此，任何人都可对明文进行加密，但只有授权用户（知道 d）才可对密文解密。

3.2.2.2 椭圆曲线算法（ECC）

椭圆曲线算法其安全性基于在椭圆曲线点集上计算离散对数的困难性。相对于 RSA 算法，它的单位安全强度比 RSA 高出很多，即达到相同等级安全强度，椭圆曲线所需的密钥长度要远比 RSA 的低得多，其 160 位密钥长度的安全性相当于 1024 位密钥长度的 RSA 算法。ECC 被广泛认为是在给定密钥长度的情况下，安全强度最强的非对称算法，同时因为其存储空间占用少、带宽要求低等优点，有望取代 RSA，成为通用的公钥加密算法。

3.2.3 *Hash* 函数

Hash 函数是把可变输入长度串转换成固定长度输出串的一种函数，主要用于证明原文的完整性和准确性，是电子文件加密的重要工具。一般来说，对于给出的一个文件要算它的 *Hash* 码很容易，但要从 *Hash* 码找出相应的文件算法却很难。*Hash* 函数最根本的特点是这种变换具有单向性，一旦数据被转换就无法再以确定的方法获得其原始值，从而无法控制变换得到的结果，达到防止信息被篡改的目的。由于 *Hash* 函数这种不可逆的特性，使其非常适合被用来确定原文的完整性，从而被广泛用于数字签名。最常用的 *Hash* 算法包括以下两种。

（1）MD5 算法。MD5 消息摘要算法是 MD4 的改进版，算法在 RFC1321 中有详细的描述。MD5 以 512 位分组来处理输入的信息，且每一分组又被划分为 16 个 32 位子分组。算法的输出由 4 个 32 位分组组成，将这 4 个 32 位分组级联后将生成一个 128 位 *Hash* 值。

（2）SHA-1 算法。安全散列算法是由美国标准与技术研究所（NIST）设计并于 1993 年作为联邦信息处理标准（FIPS180）发布，修订版于 1995 年发布（FIPS180-1），通常称为 SHA-1。SHA 算法建立在 MD4 算法之上，其基本框架与 MD4 相似。但 SHA-1 在抗击穷搜索攻击的强度要高于 MD5。

现代密码技术以对称和非对称密写体制为基础，通过数字签名和数字信封等多种应用方式提供安全服务和安全保障。

3.2.4 数字签名

3.2.4.1 数字签名的概念及作用

数字签名是指使用密码算法，对待发的数据进行加密处理，生成一段杂凑值信息附加在原文一起发送，这段信息类似于现实中的签名或印章。它提供了一种鉴别方法，以解决伪造、抵赖、冒充等问题。数字签名在信息安全如身份认证数据完整性、不可否认性等方面有重要应用，特别是在大型网络安全通信中的密钥分配、认证及交易系统中具有重要作用。数字签名必须保证以下三点。

(1) 接收者能够确认发送者对报文的签名。

(2) 发送者事后不能抵赖对报文的签名。

(3) 任何人都不能伪造对报文的签名。

3.2.4.2 数字签名的分类

数字签名按照签名算法不同可分为具有杂凑值的数字签名和直接利用私钥进行加密的数字签名。

(1) 杂凑值数字签名。首先采用特定单向函数 *Hash* 算法，对原文信息进行加密压缩形成杂凑值然后对杂凑值用密钥算法中的发送方私钥进行加密，得到数字签名，再发给接收方，接收方进行签名验证过程。签名验证是接收方用发送方的公钥对数字签名进行解密，得出杂凑值后用同一个 *Hash* 算法，对原文进行压缩计算，得到一新的杂凑值，二者进行比较，如果相同，则证明所接收数据的确为发送方所签名。

定义 3.1 哈希函数是一对满足以下条件的概率多项式时间算法（$KeyGen$，h）：

$KeyGen$ 是一个概率算法，给定一个安全参数 1^n，返回一个密钥 s。

给定一个密钥 s 和任意一个字符串 $x \in \{0, 1\}^*$，返回一个字符串 $h^s(x)$。

定义 3.2 一个哈希函数是抗碰撞的如果给定 x，$x' \in \{0, 1\}^*$，且 $x \neq x'$，那么 $h(x) \neq h(x')$。

下面定义安全性。对于一个敌手 $\mathcal{A}$，一个安全参数 n，和一个哈希函数 $\Pi = (KeyGen, h)$，定义一个实验：

寻找碰撞实验 $Hash\text{-coll}_{\mathcal{A},\Pi}=(n)$

1）选择一个密钥 s，$s \leftarrow KeyGen(1^n)$；

2）给敌手 s，返回 x 和 x'，即 $(x, x') \leftarrow \mathcal{A}(s)$；

3）返回 1）当且仅当 $x \neq x'$ 且 $h^s(x) = h^s(x')$。

这种情况下称 $\mathcal{A}$ 找到了一个碰撞。

对于所有的概率多项式时间算法 $\mathcal{A}$ 存在一个可忽略的函数 ε，使得

$$\Pr[Hash - \text{coll}_{\mathcal{A},\Pi} = (n) = 1] \leqslant \varepsilon$$

哈希函数的抗碰撞性表明敌手找到一个碰撞的概率是可忽略的。

一个哈希函数是单向的如果满足以下两个条件：

正向计算容易：给定 $x \in \{0, 1\}^*$，返回结果哈希值 $h(x)$ 容易。

逆向计算不可行：给定哈希值 $h(x)$，返回 x 很困难。

（2）私钥签名。这种签名方法，是采用非对称算法中私钥密钥对原文进行加密，而不是用密码杂凑值函数生成杂凑值，它是一种对整体消息的签名，使用于小文件信息。这种签名算法首先将原文用发送方私钥加密，得到数字签名，然后将原文和数字签名一起发给接收方，接收方用发送方的公钥进行解密，最后与原文进行比较。

3.2.5　数字信封

数字信封，就是信息发送方利用接收方的公钥，将一个通信密钥即对称密钥给予加密，形成一个数字信封并传送给对方。只有指定接收方才能用对应的私钥打开数字信封，获取该对称密钥，用它解读传送的信息。这就好比在实际生活中，将一把钥匙装在信封里，邮寄给对方，对方收到信件后，将钥匙取出，用它再去打开保密箱。数字信封技术结合了对称密钥加密技术和公开密钥加密技术的优点，可克服对称密钥加密中密钥分发困难和公开密钥加密中加密时间长的问题，使用两个层次的加密获得公开密钥技术的灵活性和对称密钥技术的高效性保证了信息的安全。

数字信封的具体实现步骤：

（1）信息发送方首先利用随机产生的对称密钥 K 待送信息，包括信息明文、数字签名和发送方证书公钥。

（2）发送方利用接收方的公钥加密对称密钥，被公钥加密后的对称密钥称为数字信封。

（3）发送方将第一步和第二步的结果传给接收方。

（4）信息接收方用自己的私钥解密数字信封，得到对称密钥 SK。

（5）利用对称密钥解密所得到的信息。

3.3 秘密分享技术

秘密分享技术是现代密码学的一个重要分支。它不仅是一种保护数据安全的重要手段，也是信息安全的基础应用技术之一。秘密分享之所以能够保护数据的安全，主要是靠将秘密分割存储实现的，即：秘密数据通过被分割成若干个秘密份额并且分发给多人掌管，以此达到风险分散和容忍入侵的目的。

通常情况下，一个秘密分享协议主要包括份额分发和秘密重构两方面内容，分别由秘密分割算法和秘密重构算法实现。在秘密分享协议中包含三方实体，分别是经销商、参与者和秘密重构者。经销商是持有原始秘密数据一方，负责执行秘密分割算法，将一个秘密数据分割成多个份额，然后将这些份额分别分发给多个参与者。持有份额的参与者是负责保管份额信息的一方。秘密重构者是试图发起秘密重构的角色。同时，单个参与者可以与其他参与者合作组队，利用队中授权参与者的份额试图发起秘密重构，并执行秘密重构算法。随着参与重构的队伍规模不断扩大，队伍中持有的秘密份额也逐渐增多。当队伍中的份额达到一定的数量时就可以重构出秘密数据。

秘密分享技术具备以下属性：

（1）数据机密性（Message Confidentiality）：当一组参与者持有的份额的数量不足以支持重构秘密信息，则该组参与者无法获得有关秘密的任何有用信息。

（2）数据可恢复性（Message Recoverability）：如果一组参与者持有足够多的份额，则该组参与者可以将这些份额应用到秘密重构算法中，完成对秘密数据的重构。

秘密分享的关键在于如何设计出更好的秘密分割方式以及重构方式，使得秘密分享技术可以更加高效、灵活，能够适应于不同的应用场景。下面重点介绍几种不同类型的秘密分享方案。

3.3.1 最基础的秘密分享方案

秘密分享算法的基本原理是将秘密信息分割成若干个碎片，每个碎片并不能代表着任何东西，但是当这些碎片组合在一起时，就会显示出一个完整的秘密信息。例如，某机械厂掌握着一份机密的工程图纸，工厂里的每个高层管理人员都持有一个碎片，只有当他们在一起的时候才能还原这张机密图纸。即使某位高管离职或被竞争对手收买，泄露了其中一部分碎片，这个片段也是毫无用处的，也无法推测出有关机密图纸的相关信息。那么，如何做到这一点呢？事实上，它可以利用最简单的秘密分享方案来实现。

3.3.1.1 2人分享算法

假设现有一张机密图纸 S，交由 Alice 和 Bob 两位高管保管，则需要执行以下算法：

算法 3-1：2人分享算法
输入：机密图纸的尺寸大小； **输出**：两个密文信息 C_1 和 C_2； **步骤 1**：生成一个和机密图纸 S 一样大小的随机比特串 C_1。 **步骤 2**：通过计算 $C_2 = S \oplus C_1$ 得到 C_2。 **步骤 3**：分别将 C_1 和 C_2 由 Alice 和 Bob 保管即可。

机密图纸的恢复需要 Alice 和 Bob 之间相互合作才能完成，只需 Alice 和 Bob 分别拿出自己保管的数据 C_1 和 C_2，将两者进行异或操作即可完成。

3.3.1.2 *n*人分享算法

事实上，将上述两人方案推广到多人是十分简单的。为了实现机密图纸能够在 n 个高管之间进行分享，只需将此机密图像与多个随机比特串进行异或操作即可。具体算法如下：

算法 3-2：n 人分享算法
输入：机密图纸的大小； **输出**：n 个密文信息 C_1，C_2，…，C_n； **步骤 1**：生成 $n-1$ 个和机密图纸 S 一样大小的随机比特串 C_1，C_2，…，C_{n-1}。 **步骤 2**：通过计算 $C_n = S \oplus C_1 \oplus C_2 \oplus \cdots \oplus C_{n-1}$ 得到 C_n。 **步骤 3**：分别将 C_1，C_2，…，C_n 交由 n 个高管保管即可。

当 n 个高管聚集在一起时，通过计算 $S = C_1 \oplus C_2 \oplus \cdots \oplus C_{n-1} \oplus C_n$ 即可恢复出机密图纸 S。

3.3.1.3 相关分析

事实上，这种最简单的秘密分享方案在计算上是满足安全性条件的，因为该方案在实质上是“一次一密”的，即将密文和密钥分别给两个不同的人。由于每个人拥有的碎片都是无意义的，没有任何计算能力可以用来从少量碎片中推断出秘密信息，因此这种加密方法具有完全保密的特点。

然而，这种秘密分享方案也有一定的弊端。首先，该方案过于依赖秘密分割者。在该协议中，秘密分割者拥有绝对的权利，因此他必须是可信的。假若秘密分割者是不可信的实体时，则可能发生以下情况。假设秘密分割者没有按照分割算法将秘密数据分割成多个碎片，而是将无意义的随机消息分发给秘密管理者，那么除非所有的秘密管理者共同发起重构秘密信息，否则没有人会知道秘密分割者的欺诈行为。其次，该方案的可靠性较低。当秘密管理者在保管碎片时，发生碎片丢失事件，同时，秘密分割者如果出现失联的情况，那么，这就相当于这个秘密信息丢失掉了，再也无法恢复出来。

3.3.2 门限秘密分享方案

最简单的秘密分享方案具有较低的可靠性，那么如何才能在保证秘密消息的保密性的同时提升其可靠性呢？秘密分享门限方案就可以解决这个问题。

下面重点介绍多个典型的门限秘密分享方案：Blakley 秘密分享方案、基于多项式的 Shamir 门限方案、基于中国剩余定理的 Asmuth-Bloom 门限方案和 Karnin 提出的门限方案。

3.3.2.1 Blakley 门限方案

1979 年，Blakley[68] 和 Shamir[54] 分别独立地提出了秘密分享的概念，由于秘密分享协议通常包含一个（k，n）门限条件，其中 $k \leqslant n$，因此，秘密分享也可以被称为（k，n）门限秘密分享协议（(k，n) Secret Sharing，(k，n) SS）。在（k，n）门限秘密分享协议中，单个秘密数据会被以某种方式分割并编码成 n 个份额（share），并分别分发给 n 个参与者（Participant，P）。秘密数据的恢复需要至少 k 个份额的支持，这就意味着需要至少有 k 个参与者之间互相合作，才能恢复秘密数据，即使已经有 $k-1$ 个参与者合作，也不能够恢复秘密数据。Blakley 和 Shamir 虽然提出了相同的概念，但他们所使用的方法却不相同。

在 Blakley 提出的方案中[68]，（k，n）门限的设置主要是基于几何学中的图像矢量化，如图 3-3 所示，其基本思想是将秘密数据抽象地看作是一个在 k 维空间中的点，而通过这个点可以生成 n 个互不平行的（$k-1$）维超平面，这 n 个（$k-1$）维超平面即为 n 个份额。由于任意 k 个（$k-1$）维超平面相交即可得到唯一的相交点（即秘密数据），因此秘密数据可以被唯一地恢复。少于 k 个（$k-1$）维超平面相交将会得到一条直线或平面，秘密数据不能被唯一确认，从而得不到任何有关秘密数据的信息。

3.3.2.2 Shamir 门限方案

1979 年，Shamir 提出秘密分享的概念，为保护秘密数据提供了一种安全而

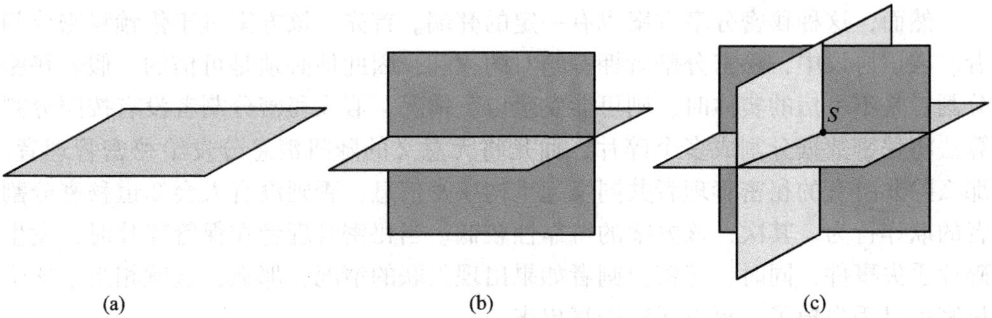

图 3-3 由 Blakley 提出的（k，n）门限秘密分享协议的基本原理图

（a）一个平面；（b）两个平面的交线；（c）三个平面的交点

有效的方法[54]。由于 Shamir 提出的秘密分享协议包含（k，n）门限条件，因此，该协议也被称为（k，n）秘密分享协议。其中，k 和 n 均为整数，满足条件 $0<k<n$。（k，n）门限秘密分享协议可以分为分发过程和重构过程两部分。在分发过程中，单个秘密数据将被分解并编码成 n 个份额，分别发送给 n 个参与者进行保管。每个份额不显示关于秘密数据的信息。在秘密数据的重构过程中，需要联合至少 k 个参与者才能重构秘密数据，即使有 $k-1$ 个参与者也无法得到秘密数据的任何有用信息。（k，n）门限秘密分享的示意图如图 3-4 所示。

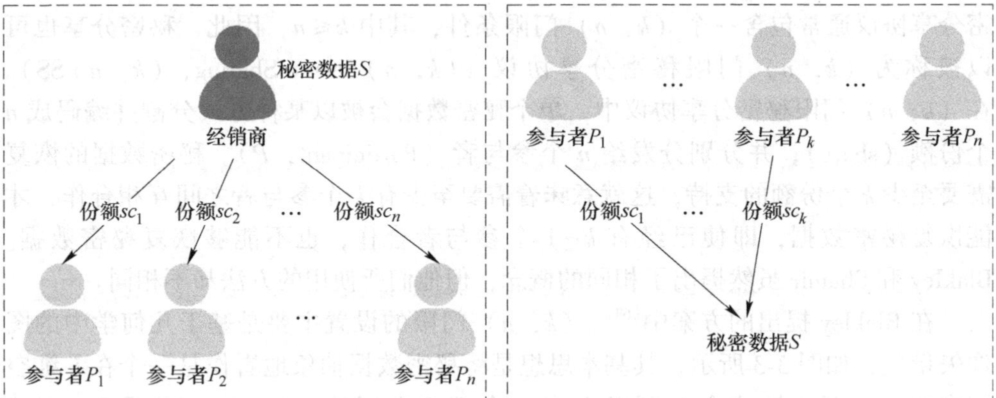

图 3-4 （k，n）秘密分享示意图

（a）份额分发；（b）秘密重构

（1）方案框架。

在 Shamir 提出的方法中[54]，假设秘密数据为 S，（k，n）门限的设置主要是基于一个 $k-1$ 维多项式的构建，其基本原理如图 3-5 所示。秘密数据是多项式

$f(x)=(S+a_1x+a_2x^2+\cdots+a_{k-1}x^{k-1})\bmod p$ 中的常数项，而其他项的系数 a_1，a_2，…，a_{k-1} 均为有限域范围内的随机数。输入 n 个不同变量 x_1，x_2，…，x_n 至多项式 $f(x)$，其输出的结果 (x_1, y_1)，(x_2, y_2)，…，(x_n, y_n) 即为最终的 n 个份额。多项式的重构需要至少 k 个输出结果。因此，联合任意 k 个份额 (x_1, y_1)，(x_2, y_2)，…，(x_k, y_k) 即可通过拉格朗日插值算法[78]（Lagrange Interpolation）重构出唯一的多项式，最后，通过进一步提取出多项式的常数项 $S=f(0)$ 从而恢复出秘密数据 S。

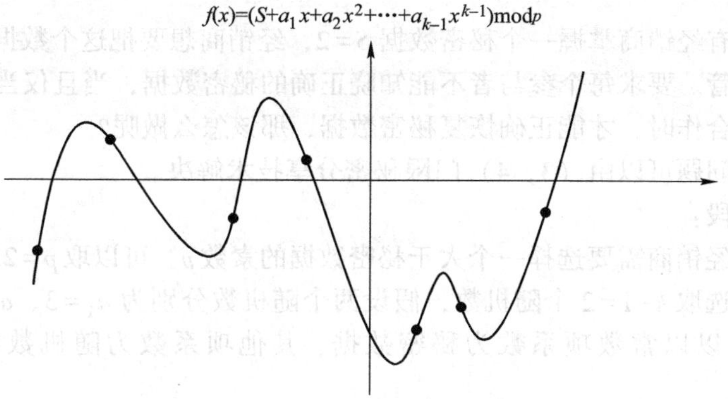

图 3-5 由 Shamir 提出的（k，n）秘密分享协议的的基本原理图

在（k，n）秘密分享方案中，令 S 表示秘密数据，$P_i(i=1, 2, \cdots, n)$ 表示 n 个参与者。对于给定的门限（k，n），其分发过程和重构过程的具体步骤如下：

算法 3-3：Shamir 门限方案分发算法
输入：秘密数据 S，参 k、n； **输出**：n 个份额 sc_1，sc_2，…，sc_n； **步骤 1**：构建一个 $k-1$ 维的多项式 $f(x)=a_0+a_1x+a_2x^2+\cdots+a_{k-1}x^{k-1}\bmod p$，其中 $a_0=S$，a_1，a_2，…，a_{k-1} 为 $[0, p-1]$ 范围内的随机整数，p 是一个大素数。多项式所有操作都是在有限域 $GF(p)$ 的范围内进行的。 **步骤 2**：令 x_i 表示参与者 P_i 的标识。分别将 x_i 代入多项式 $f(x)$，即可计算出每个参与者所对应的子秘密 $sc_i=f(x_i)$。 **步骤 3**：分别将 (x_i, sc_i) 通过安全信道传输给对应的参与者 P_i，即每个参与者都获得了一份有关秘密数据的份额。

秘密数据的恢复需要至少 k 个参与者的合作，当 k 个参与者聚集在一起，分别拿出自己持有的份额后，就可以通过计算，重构秘密数据 S。具体步骤如下：

算法 3-4：Shamir 门限方案重构算法
输入：任意 k 个份额； **输出**：秘密数据 S； **步骤 1**：假设有任意 k 个参与者的联合重构秘密数据，则存在 k 对（x_i，sc_i）数据。利用拉格朗日插值定理可以重构出多项式 $f(x)$。 **步骤 2**：计算 $f(0)=S$ 即可恢复出秘密数据。

举例说明：

假设现有经销商掌握一个秘密数据 $S=2$，经销商想要把这个数据交由 4 个参与者共同保管。要求每个参与者不能知晓正确的秘密数据，当且仅当有至少 3 个参与者一起合作时，才能正确恢复秘密数据，那该怎么做呢？

上面的问题可以由（3，4）门限秘密分享技术解决。

分发阶段：

首先，经销商需要选择一个大于秘密数据的素数 p，可以取 $p=23$。同时，经销商还需要选取 $k-1=2$ 个随机数，假设两个随机数分别为 $a_1=3$、$a_2=2$。然后，经销商就可以以常数项系数为秘密数据、其他项系数为随机数构建多项式 $f(x)$：

$$f(x) = 2 + 3x + 2x^2 \bmod 23$$

已知 4 个参与者的标识分别为 $x_1=1$、$x_2=2$、$x_3=3$ 和 $x_4=4$，分别代入多项式，即可分别计算出每个参与者所对应的份额 $f(1)=7$、$f(2)=16$、$f(3)=6$、$f(4)=0$。

重构阶段：

假设有 3 个参与者试图恢复秘密数据，其分别为 $x_1=1$、$x_2=2$、$x_3=3$，则可以利用这三个参与者所持有的份额，通过拉格朗日插值定理重构多项式 $f(x)$，计算 $f(0)=S$ 即可恢复秘密数据。具体计算过程如下：

$$\begin{aligned} S = f(0) = &(7\times(0-3)\times(0-4)\times((1-3)\times(1-4))^{-1} + \\ &6\times(0-1)\times(0-4)\times((3-1)\times(3-4))^{-1} + \\ &0\times(0-1)\times(0-3)\times((4-1)\times(4-3))^{-1})\bmod(23) \\ = &2 \end{aligned}$$

（2）方案分析。

1）定义。如果利用少于 k 个参与者持有的份额完全确定不了任何有关秘密的信息，则说明该门限方案是完善的。

在 Shamir 提出的（k，n）门限秘密分享协议中，当有 $k-1$ 个参与者试图发起秘密重构时，此时他们仅掌握 $k-1$ 个份额，即掌握 $k-1$ 对（x_i，sc_i）数据。利用这 $k-1$ 对（x_i，sc_i）数据并没有办法唯一确定含有 k 个未知数的多项式 $f(x)$，所以由

k-1 个参与者得不到有关秘密数据 S 的信息。因此，此协议具有完善性。

2）安全性和可靠性。在本方案中，（k，n）门限值的大小决定了系统的保密性和可靠性。当 n 值固定时，k 值越大，则系统受外界干扰的程度就越小，则该系统的安全性越高，但同时遇到参与者因“离线”而不能及时恢复秘密信息的概率就会提高，因此系统的可靠性就越低。反之亦然，k 值越小，则该系统的安全性就越低，而可靠性就会提升。

（3）优势和弊端。

1）优势。（k，n）门限秘密分享协议具备完善性，并且由于其安全性不依赖于任何未经证明的假设，因此，该协议的安全性等级较高，符合理论计算安全；每个份额的大小与秘密相似，不存在尺寸过于扩张的问题。

2）弊端。当门限值固定后，秘密是否能够被正确的重构仅与参与重构的份额的数量有关系，而对每个参与者不做区分；当存在恶意参与者时，恶意参与者可能会通过使用“假”份额参与重构，导致秘密数据无法正确恢复；在这种情况下，其他参与者无法快速的判断哪个参与者是“恶意”的。

3.3.2.3 Asmuth-Bloom 门限方案

在 Asmuth-Bloom 提出的（k，n）门限方案中[70]，首先需要选择 n+1 个互素数 $\{p_i\}_{i=0,1,\cdots,n}$ 且满足条件：$p_0<p_1<\cdots<p_n$；$\prod_{i=1}^{k} p_1 > p_0\prod_{i=1}^{k-1} p_{n-i+1}$。然后，通过等式 $\begin{cases} e_i = y \bmod p_i \\ y = S + u \times p_0 \end{cases}$ 生成 n 个份额 $\{e_l\}_{l=1,2,\cdots,n}$，其中 u 为一个随机的正整数。最后，将至少 k 个份额输入到等式 $\begin{cases} S = y \bmod p_0 \\ y = e_i \bmod m_i \end{cases}$ 中计算，即可得出秘密数据 S。

A 方案框架

Asmuth-Bloom 门限方案是利用中国剩余定理完成（k，n）门限构造的。整个方案包括秘密分发和秘密重构两个阶段，具体描述如下：

算法 3-5：Asmuth-Bloom 门限方案分发算法
输入：秘密数据 S，参数 k、n； **输出**：n 个份额 sc_1，sc_2，…，sc_n； **步骤 1**：选取 n 个正整数 m_1，m_2，…，m_n 并同时满足以下三个条件 $\begin{cases} m_1 < m_1 < \cdots < m_n \\ (m_i, m_j) = 1, (i \neq j) \\ m_1 \times m_2 \times \cdots \times m_k > m_n \times m_{n-1} \times \cdots \times m_{n-k+2} \end{cases}$

步骤 2：秘密数据 S 的值应满足 $m_1 \times m_2 \times \cdots \times m_k > S > m_n \times m_{n-1} \times \cdots \times m_{n-k+2}$ 条件。

步骤 3：计算 $\begin{cases} sc_1 = s(\mathrm{mod}\ m_1) \\ sc_2 = S(\mathrm{mod}\ m_2) \\ \vdots \\ sc_n = S(\mathrm{mod}\ m_n) \end{cases}$ 即可得到 n 个份额 sc_1，sc_2，…，sc_n。

步骤 4：将每个份额分别分发给对应的参与者。

秘密数据的恢复需要至少 k 个参与者的合作，当 k 个参与者聚集在一起，分别拿出自己持有的份额后，就可以通过计算，重构秘密数据 S。具体步骤如下：

算法 3-6：Asmuth-Bloom 门限方案重构算法

输入：任意 k 个份额；

输出：秘密数据 S；

步骤 1：假设有任意 k 个参与者的联合重构秘密数据，则存在 k 组数据 $(m_i,\ sc_i)$。

步骤 2：利用 k 组数据 $(m_i,\ sc_i)$ 构建方程组 $\begin{cases} S = sc_{i_1}(\mathrm{mod}\ m_{i_1}) \\ S = sc_{i_2}(\mathrm{mod}\ m_{i_2}) \\ \vdots \\ S = sc_{i_k}(\mathrm{mod}\ m_{i_k}) \end{cases}$，由中国剩余定理即可计算出唯一一个在小于 $m_{i_1} \times m_{i_2} \times \cdots \times m_{i_k}$ 的秘密数据 S。

假设现有经销商掌握一个秘密数据 $S=74$，经销商想要把这个数据交由 3 个参与者共同保管。要求每个参与者不能知晓正确的秘密数据，仅有至少 2 个参与者一起合作时，才能正确恢复秘密数据，那该怎么做呢？

上面的问题可以由 Asmuth-Bloom 门限方案技术解决，其中 $k=2$，$n=3$。

（1）分发阶段。首先，需要为每个参与者选择对应的 m 值，假设三个参与者对应的 m 值分别为 $m_1=9$，$m_2=11$，$m_3=13$，它满足条件 $m_1 \times m_2 = 99 > S > 13$。

然后，分别计算 $\begin{cases} sc_1 = 74(\mathrm{mod}\ 9) \\ sc_2 = 74(\mathrm{mod}\ 11) \\ sc_3 = 74(\mathrm{mod}\ 13) \end{cases}$，可得 $\begin{cases} sc_1 = 2 \\ sc_2 = 8 \\ sc_3 = 9 \end{cases}$。

因此，分发给三个参与者的份额分别为（9，2），（11，8），（13，9）。

（2）重构阶段。假设有 2 个参与者试图恢复秘密数据，其对应的 m 值分别为 $m_1=9$ 和 $m_2=11$，则可以利用这 2 个参与者所持有的份额（9，2）和（11，

8)，可建立方程组 $\begin{cases} S=2(\text{mod } 9) \\ S=8(\text{mod } 11) \end{cases}$，即可解得秘密数据 $S=74$。

B 优势和不足

在Shamir提出的门限秘密分享方案中，因为整个方案是基于多项式进行的，所以在恢复秘密阶段，其计算复杂度为 $O(n\log^2 n)$。而Asmuth-Bloom门限方案则利用中国剩余定理，将计算复杂度从 $O(n\log^2 n)$ 降至了 $O(n)$，提高了整个系统的效率。然而，由于Asmuth-Bloom门限方案对参数 m_i 的选择过于严格，在有限域中可供选择的 m_i 数目有限，不能适应当 n 值较大的情况下，因此Asmuth-Bloom门限方案并不能灵活使用。

无论是Shamir的门限方案还是Asmuth-Bloom门限方案中，都存在欺骗问题，包括在分发阶段经销商的欺骗问题和重构阶段的参与者欺骗问题。经销商欺骗是指经销商可能把假的份额分发给参与者，使得该参与者在日后重构出正确的秘密。参与者欺骗是指参与者在重构的过程中可能使用假的份额，致使只有他自己能够重构出正确的秘密数据，而其他参与者无法解出该秘密。但上述欺骗问题可以用数字签名技术与份额可验证性生成方法解决。

3.3.2.4 Karnin门限方案

在Karnin等人[71]提出的 (k, n) 门限方案中，秘密数据的分享分两步进行。第一步，通过将秘密数据 S 映射到一个随机多项式的 x 轴，把秘密数据 S 分割成 k 个秘密片段 $\{u_v\}_{v=1,2,\cdots,k}$。让我们在这里举个例子来更好地说明这个过程，如图3-6所示。

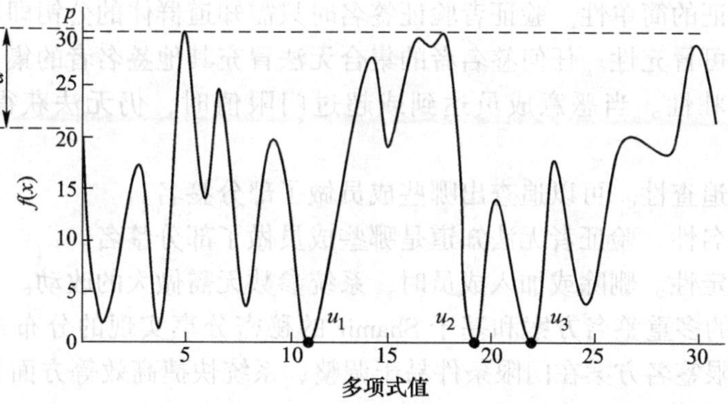

图3-6 Karnin等人提出的秘密数据映射到多项式的示意图

当秘密数据 $S=10$ 且 $k=3$ 时，可以生成一个一元三次多项式 $(x-u_1)(x-$

$u_2)(x-u_3)=x^3-21x^2+x-10=0\bmod 31$，其中素数 $p=31$、u_1，u_2，u_3 分别为三个随机数 $u_1=19$，$u_2=22$，$u_3=11$ 且满足条件 $u_3\equiv d\times(u_1\times u_2)\bmod p$。第二步，将生成的 k 个秘密片段通过等式 $[e_1, e_2, \cdots, e_n]^{\mathrm{T}}=A_1\times[u_1, u_2, \cdots, u_k]^{\mathrm{T}}$（$A_1$ 是一个 $n\times t$ 大小的随机矩阵）再次分解，得到最终的 n 个份额 $\{e_i\}_{i=1, 2, \cdots, n}$。秘密数据 S 的重构需要至少联合 k 个份额。首先，通过将 k 个份额代入等式 $[u_1, u_2, \cdots, u_t]^{\mathrm{T}}=A_2\times[e_1, e_2, \cdots, e_k]^{\mathrm{T}}$ 即可恢复出 k 个秘密片段，然后，再将这 k 个秘密片段代入等式 $\prod_{a=1}^{t}(x-u_a)=0\bmod p$ 中（A_2 是由 A_1 中的对应的 k 行生成的 $k\times k$ 大小的逆矩阵），就可以恢复秘密数据 S。

3.3.3 门限数字签名方案

门限方案除了用于秘密分享之外，还可应用于门限数字签名方案中。(k, n) 门限签名（Threshold Signature）是指群体的签名密钥被所有的 n 个参与者共享，使得任意不少于 k 个参与者的子集可以代表群体产生有效的签名，而任意少于 k 个参与者的子集不能代表群体进行签名；同时，任何参与者都可以利用群公的唯一公钥，验证签名的正确性。(k, n) 门限签名的基本目的是解决了如何由集体成员而非个人代表组织或团体进行数字签名的问题。

3.3.3.1 (k, n) 门限签名的特征

(1) 群特性。只有群体的成员才能完成自己的部分签名，其他人无法伪造其部分签名。

(2) 门限特性。只有当完成部分签名的人数不少于门限值时，门限签名才能产生。

(3) 验证的简单性。验证者验证签名时只需知道群体的公钥即可。

(4) 不可冒充性。任何签名者的集合无法冒充其他签名者的集合完成签名。

(5) 健壮性。当恶意成员达到或超过门限值时，仍无法获得系统的秘密参数。

(6) 可追查性。可以追查出哪些成员做了部分签名。

(7) 匿名性。验证者无法知道是哪些成员做了部分签名。

(8) 稳定性。删除或加入成员时，系统参数无需做大的改动。

与现有的多重签名方案和基于 Shamir 的秘密分享实现的分布式签名方案不同的是，门限签名方案在门限条件易于调整、系统快捷高效等方面具有较强的优势。三者主要的签名方式如图 3-7 所示。

3.3.3.2 门限签名主要的应用场景

(1) 密钥管理。利用门限签名实现的密钥管理系统可以实现更灵活的管理

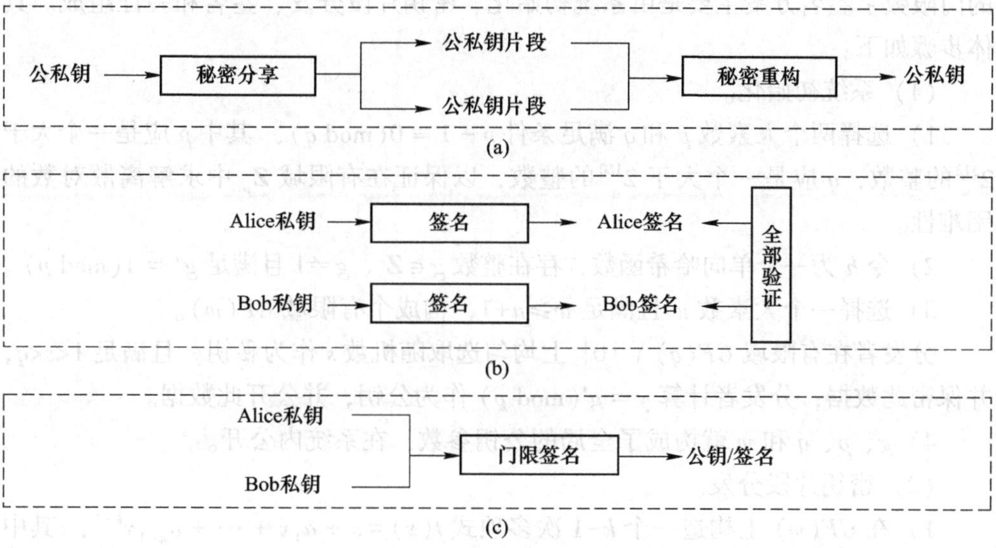

图 3-7 三种数字签名方式

（a）Shamir 秘密分享；（b）多重签名；（c）门限签名

方式。例如，可以利用门限签名的访问结构设计不同权重和不同组合的授权方式。除此之外，对于新的实体的加入，门限签名可以快速刷新密钥，而这种操作也可以周期性的进行，从而增大作恶者同时获得多个私钥的难度。最后，对于校验方面而言，由于门限签名与传统的签名并无差别，所以其可直接兼容旧有的设备，降低更新成本。

（2）加密钱包。对于数字资产而言，相对于早期提出的数字钱包，基于门限签名的钱包因为无需重建私钥而提高了安全性，因无需将多个签名信息公开而获得了匿名性，同时相较于多重签名拥有更低的交易手续费。与密钥管理应用相似，数字资产账户的管理权也可以更灵活的调整，并可用于各种不支持多重签名的区块链，降低因智能合约带来的漏洞风险。

本小节主要介绍两种（k，n）门限签名方案，包括：基于 EIGamal 体制的门限数字签名方案和基于 Schnorr 体制的门限数字签名方案。

3.3.3.3 基于 Schnorr 体制的门限数字签名方案

在基于 Schnorr 体制的门限数字签名方案中，其基本思想在于签名用的私钥 x 不再单独发给个人，而是作为一个共享的秘密，通过 Shamir 提出的（k，n）秘密分享方案，分割成多个密钥片段后分别发放给 n 个成员。所以，私钥 x 的重构需要满足门限条件，故有效签名的产生也需要满足门限条件。基于 Schnorr 体制的门限数字签名方案主要是由系统初始化、密钥片段分发、签名和验证组成。具体步骤如下：

（1）系统初始化。

1）选择两个大素数 p 和 q 满足条件 $p-1\equiv 0(\bmod q)$，其中 p 应是一个大于 2^{512} 的整数，q 应是一个大于 2^{160} 的整数，以保证在有限域 $\boldsymbol{Z}_p$ 中求解离散对数的困难性。

2）令 h 为一个单向哈希函数，存在整数 $g\in\boldsymbol{Z}_p$、$g\neq 1$ 且满足 $g^q=1(\bmod p)$。

3）选择一个大素数 w 且满足 $w\geqslant n+1$，构成个有限域 $GF(w)$。

分发者在有限域 $GF(q)\setminus\{0\}$ 上均匀选取随机数 s 作为私钥，且满足 $1<s<q$，并保密此数据；分发者计算 $y=g^s(\bmod p)$ 作为公钥，并公开此数据。

4）g、p、q 和 w 就构成了全局的公钥参数，在系统内公开。

（2）密钥片段分发。

1）在 $GF(w)$ 上构造一个 $k-1$ 次多项式 $f(x)=s+a_1x+\cdots+a_{k-1}x^{k-1}$，其中 $k-1$ 系数 $a_1, a_2, \cdots, a_{k-1}\in GF(w)$。

2）假设 n 个参与者的身份标识分别为 $i_1, i_2, \cdots, i_n$，分发者可以计算出 $f(i_1), f(i_2), \cdots, f(i_k)$ 并将结果分发给对应标识的参与者作为其密钥片段。

（3）签名。假设 m 为一个待签名的消息。

1）可信中心选择 k 个参与者 $P_{j1}, P_{j2}, \cdots, P_{jk}$，由这 k 个参与者提供的私钥 $f(i_{jk})$，根据拉格朗日插值公式可以计算出系统私钥 s。

2）可信中心按照与系统私钥 s 相同的条件生成一个随机数 K，并计算 $r=g^K(\bmod p)$。

3）令 $e=h(r, m)$，计算 $u=(K-s*e)\bmod p$，则 (e, u) 即为系统对 m 的签名。

（4）验证。接收者收到消息 m 和签名 (e, u)。

1）计算 $r'=g^u y^e(\bmod p)$。

2）计算 $e'=h(r', m)$。

3）检验 $e'=e$ 是否成立。若等式成立，则证明签名有效；反之，则证明签名无效。

4）如果 (e, u) 为合法签名时，则有等式 $g^u\cdot y^e=g^{k-xe}\cdot g^{xe}=g^k$ 成立，从而说明验证过程是正确的。

3.3.3.4　基于 EIGamal 体制的门限数字签名方案

基于 EIGamal 体制的门限数字签名方案是由系统初始化、群密钥及密钥片段的生成、签名和签名验证四个阶段组成。具体如下：

(1) 系统初始化。

1) 选择两个大素数 p 和 q，满足条件 $2^{511}<p<2^{512}$、$2^{159}<p<2^{160}$ 且 $p-1\equiv 0(\bmod q)$。

2) 构建一个 t-1 次多项式 $f(x)=a_0+a_1x+\cdots+a_{i-1}x^{i-1}$，其中 $a_i\{i=0, 1, \cdots, t-1\}$ 是在(0, p)范围内的随机数。

3) 在［1, p-1］范围内选择一个随机数 h 满足条件 $h^{(p-1)/q}\bmod p>1$。$\alpha=h^{(p-1)/q}\bmod p$ 为有限域 $GF(p)$ 中的一个 q 阶生成元。这样，(p, q, α) 为公开信息，而 $a_i\{i=0, 1, \cdots, t-1\}$ 为秘密信息。

(2) 群密钥及密钥片段的生成。只需计算 $f(0)\bmod q$ 即可得到群密钥，而相应的群公钥为 $y=\alpha^{f(0)}\bmod q$。n 个参与者所分得的密钥片段分别为 $f(x_i)\bmod q$，对应的公钥为 $y_i=\alpha^{f(x_i)}\bmod q$，其中 x_i 为每个参与者的身份标识。

(3) 签名。对于每个参与者 P_i，首先在［1, p-1］中选取一个随机数 k_i，计算 $r_i=\alpha^{k_i}\bmod p$，并广播 r_i，收到所有的 r_i 后，计算 $r=\prod_{j=1}^{t}r_j\bmod p$。然后，参与者 P_i 使用密钥 $f(x_i)$ 和 k_i 对消息 m 进行签名，并根据等式计算 s_i，

$$s_i=f(x_i)\times m'\times\left(\prod_{j=1,j<\neq i}^{t}\frac{-x_i}{x_i-x_j}\right)-k_i\times r\bmod q$$

式中，$m'=f(m)$。最后，把 $\{s_i, r_i\}$ 发送给签名合成者。

当签名合成者收到 $\{s_i, r_i\}$ 后，验证 $y_i^{m'd}=r_i^r\alpha^{s_i}\bmod p$，其中 $d=\sum_{j=1,\ k<\neq i}^{t}\frac{-x_j}{x_i-x_j}$ 是否成立，在各个签名验证有效后，签名合成者计算 $s=\sum_{i=1}^{t}s_i\bmod q$，则 ($r$, s) 即为最终的签名。

(4) 签名验证。要验证签名 (r, s) 是否有效，只要验证等式 $y_i^{m'}=r^r\alpha^s\bmod p$ 即可。

3.4 基于多项式的图像共享协议

受 Shamir 提出的秘密分享方法的启发，Thien 和 Lin 在文献［55］中利用多项式的结构提出了秘密图像共享协议（Secret Image Sharing，SIS）。在图像共享协议中，存在三方实体，分别为发送方、接收方和重构方。其中，发送方又可以被称为经销商，拥有原始的共享图像，主要负责根据共享算法将图像分割然后分别编码成多个份额，并分别传送给接收者。接收方也可以被称为参与者，参与者不单单指用户，也可以由云服务器、边缘节点等具有计算和存储能力的设备表示。每个参与者负责接收并保存一份份额。重构方是扮演利用参与者持有的份额

重构出共享图像的角色，在现实应用中，可充当数据需求者，可以重构出共享图像并将之应用于后续的处理和分析，以创造更高的价值。事实上，图像分享中的三个实体可以一人扮演多个角色。例如，重构方也可以是参与者的一员，可以联合其他参与者重构共享图像。基于多项式的图像共享协议框架如图 3-8 所示。

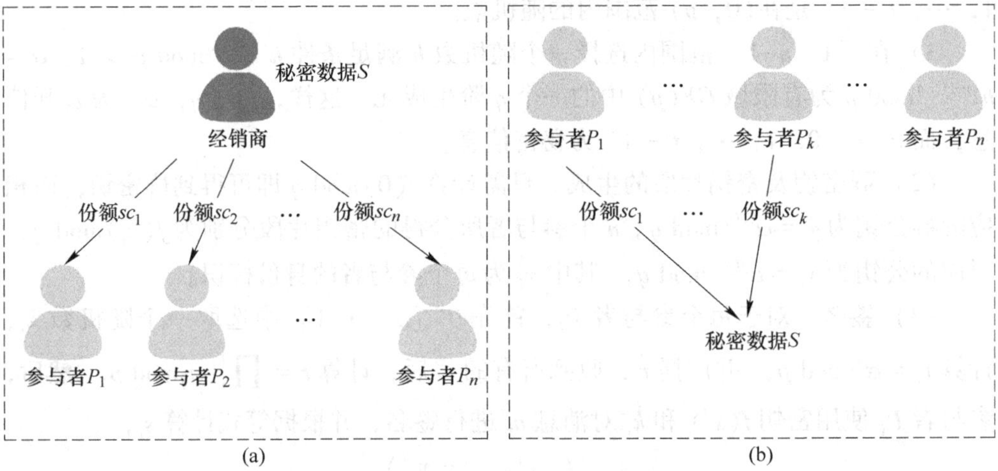

图 3-8　基于多项式的图像共享协议框架

(a) 份额分发；(b) 秘密重构

在具有门限条件的 (k, n)SIS 协议中，单张共享图像可以被分解并编码成 n 个阴影图像，对应发送给 n 个参与者进行保管。在重构阶段，需要重构方至少联合 k 个参与者才能恢复共享图像。从数学描述上看，为了达到上述的目标，发送方可以选择将共享图像中连续 k 个像素嵌入到 $f(x)$ 的 k 个系数中，然后通过每个 $f(x)$ 生成每个阴影图像对应在相同位置上的像素值。通过这样的方式，可以使得每个阴影图像的尺寸缩小至原始图像的 $1/k$。缩小后的阴影图像更有利于数据的传输和存储。但是由于图像的相邻像素是相关的，如果共享图像在分发前没有进行其他操作，则生成的阴影图像中就会出现有关共享图像的轮廓。这属于明显的信息泄露。为了提高共享图像安全性，通常情况下，发送方会在分发阶段之前，事先对共享图像进行置乱操作，以降低像素之间的关联性。经过这样的处理，由共享图像生成的阴影图像则是看起来毫无关联的“噪声图像”，单个阴影图像不会泄露共享图像的信息。(k, n) 图像共享协议的具体操作如下：

给定一张共享图像 I，其尺寸为 $W \times H$。在共享图像 I 中每个位置的像素的值可以用 $s = \{s(i, j) \mid 1 \leqslant i \leqslant W, 1 \leqslant j \leqslant H\}$ 表示。对于给定的 (k, n) 门限条件，其中 $0<k<n$，将共享图像 I 分发给 n 个参与者 $P = \{P_1, P_2, \cdots, P_n\}$ 的过程及共享图像重构的过程的具体步骤如下。

3.4.1 份额分发

输入：共享图像 I，其尺寸为 $W \times H$，参数 k、n；

输出：n 个阴影图像 SC_1，SC_2，…，SC_n；

步骤 1：设置素数 p。在灰度图像中，由于像素的值在 [0，255] 范围内，因此素数 p 通常被设置为 [0，255] 范围内的最大素数，即 $p=251$。

步骤 2：使用可逆的置乱算法对 I 中的每个像素的位置进行重新排列，得到置乱后的图像 $\hat{I}$。提取 $\hat{I}$ 中像素的值 s。为了能够使所有像素都能在有限域中进行计算，所有大于 250 的像素值都应被截断为 250。

步骤 3：将处理后的图像每 k 个像素划分为一个处理单元。注意，每个像素属于且仅属于某一个处理单元。

步骤 4：对于每一个处理单元，利用 k 个像素可以构造出一个函数 $f(x)$，其中，a_0，a_1，…，a_{k-1} 为处理单元中 k 个像素的值。

$$f(x) = a_0 + a_1x + a_2x^2 + \cdots + a_{k-1}x^{k-1} \bmod p \tag{3-1}$$

多项式的输出结果 $f(1)$，$f(2)$，…，$f(n)$ 即为 n 个阴影图像在所对应位置的像素的值。

步骤 5：重复步骤 4 直至所有的处理单元均被处理，即可得到最终的阴影图像 SC_1，SC_2，…，SC_n。最后，阴影图像 SC_1，SC_2，…，SC_n 将被分别发送给对应的参与者 P_1，P_2，…，P_n。

3.4.2 图像重构

假设重构方拥有不少于 k 个参与者所持有的阴影图像，则利用这 k 个阴影图像可以通过以下步骤恢复共享图像。

输入：任意 k 个阴影图像；

输出：共享图像 I；

步骤 1：联合任意 k 个参与者，获得 k 个阴影图像。将 k 对 $(x_i, f(x_i))$ 数据应用拉格朗日插值定理，构建多项式 $f(x)$。因此，每个处理单元中的像素都可以被恢复。

$$f(x) = \sum_{i=1}^{k} y_i \prod_{j=1,i\neq j}^{k} \frac{x - x_j}{x_i - x_j} \bmod p \tag{3-2}$$

步骤 2：重复步骤 1 直到所有处理单元中的像素都被恢复，可得到置乱图像 $\hat{I}$。

步骤 3：将置乱算法相应的逆运算应用到 $\hat{I}$，即可重构共享图像 I。

图 3-9 以（2，3）SIS 为例（$k=2$，$n=3$），展现共享图像分发和重构的过程，根据（2，3）SIS 算法，单张共享图像可以生成 3 个阴影图像，并分别分发给 3 个不同的参与者。数据重构方需要联合其中任意 2 个参与者，就可以重构出正确的共享图像。

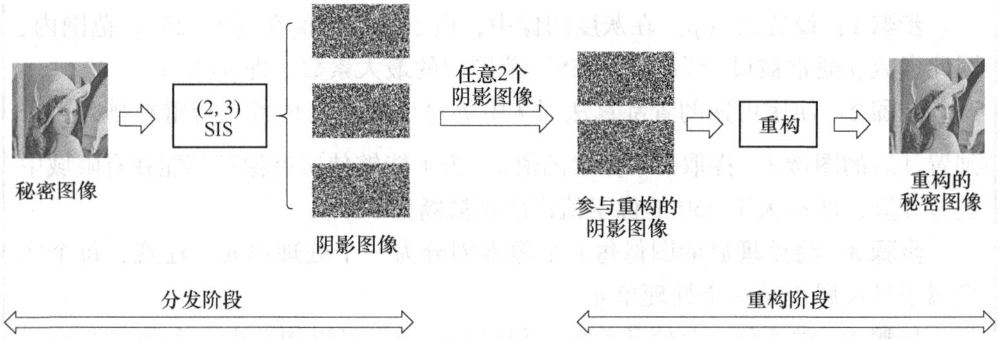

图 3-9 以（2，3）SIS 为例的共享图像分发和重构过程

在图像共享协议中，所有的计算都是在有限域内 $\boldsymbol{Z}_p$ 计算的。在（k，n）门限秘密分享技术中，通常情况下秘密的分享过程都是在有限域在都是伽罗华域 $F(p)$ 中进行计算的，其中，p 是一个大于秘密数据的素数。然而，图像数据不同于一般的秘密数据，在图像数据中，像素的灰度值是以整数的形式表现的，且在灰度图像中，像素的灰度值的范围是在 0~255 之间，因此，在 Thine 和 Lin 提出的（k，n）门限图像共享协议中，素数 p 通常会被指定为 $p=251$，因为它是 0~255 之间的最大素数。而所有像素的灰度值在 251~255 范围内的像素都需要截断为 250。这种截断操作属于不可逆的，灰度值一旦被截断，就会造成图像在重构过程中无法正确地恢复原始像素数据，进而导致重建的共享图像出现失真现象。但这种失真的程度在大多数的情况下是微乎其微的，不影响视觉质量。因此，在很多对图像不敏感的场景中，依然可以选用有限域 $GF(p=251)$。而由于图像失真在军事和医疗应用等敏感环境中可能是不允许的，因此可以选用其他类型的有限域。

为了能够改善重构图像失真的问题，很多研究者都投入到了相关研究中，并给出了不同的优化方法。例如，通过将素数设置为 $p=257$ 来代替原有的 $p=251$，可以以较低的信息开销降低重构图像的失真率。但是，这种方法似乎并不高效，这是因为该协议需要运用一些复杂的技术才能达到声称的效果。此外还有一种解决方案，可以通过将共享图像中 8-bit 像素循环地向右移动一个比特，从而达到每个像素灰度值的最低有效位移动到了最高有效位的效果。当有像素需要面对截断操作时，只需要修改目标值的最小有效位即可，大大降低了重构图像的失真率，其实验效果也充分证明了此方法是有效的。

尽管上述方法都能在一定程度上降低图像的失真率，但仍不能做到无损恢复。为了能够达到无损恢复，有很多图像共享协议都选择在有限域 $GF(p^m)$ 内进行运算。在灰度图像中，每个像素的数值通常可以由一个字节（8 个 bit）进行表示。因此，在图像处理中，可以通过设定素数 $p=2$，$m=8$，即 $GF(2^8)$，就可以做到其在有限域中的计算结果都会落在［0，255］范围之间。尽管有限域 $GF(p^m)$ 可达到无损恢复共享图像的目的，但是其是以牺牲计算复杂度为代价的，这主要是在于有限域 $GF(p^m)$ 中的计算与在 $GF(p)$ 中稍有不同。事实上，有限域 $GF(2^8)$ 中的运算是一种多项式的运算，且多项式的系数只能取 0 或 1。在多项式合并同类项时，系数之间进行的并不是简单的加法操作而是异或操作。类似于有限域 $GF(p)$ 中的素数 p，在有限域 $GF(p^m)$ 中也存在素多项式，并且素多项式不能表示为其他两个多项式的乘积。例如，对于有限域 $GF(2^8)$，最常见的不可约多项式为 $x^8+x^4+x^3+x+1$。为了方便理解，下面以 8×131 为例说明在有限域 $GF(2^8)$ 中的计算与在 $GF(p)$ 中的不同之处。

在有限域 $GF(p)$ 中，其中 $p=251$：

$$(8\times131)\bmod(251)=1048\bmod(251)=44$$

在有限域 $GF(p^m)$ 中，其中 $p^m=2^8$：

$$\begin{aligned}(8\times131)\bmod(2^8)&=(x^3\times(x^7+x+1))\bmod(2^8)\\&=(x^{10}+x^4+x^3)\bmod(x^8+x^4+x^3+x+1)\\&=x^6+x^5+x^4+x^2\\&=116\end{aligned}$$

由此可见，多项式在有限域 $GF(2^8)$ 中的计算复杂度明显高于有限域 $GF(p)$，有限域的选择可以根据实际需求而定。在对图像失真不敏感环境中，大多数图像共享协议中依然采用有限域 $GF(p^m)$，以提高整个系统的效率。而在对图像要求比较精确的场景下，可以采用 $GF(p^m)$ 以达到图像无损重建的目的。

相比较其他数据图对象，数字图像的特殊性与图像共享协议相应的注意事项可归纳总结为如下：

（1）数字图像有特殊的文件存储结构。以灰度 BMP 格式的数字图像为例，单个像素值取值空间为［0，255］，要求秘密分享算法输入输出在该取值空间限定范围内。因此，在秘密图像分享协议设计中应当考虑到共享图像及阴影图像之间像素值的取值范围及相关参数的取值空间，避免分享或恢复过程信息丢失，导致恢复误差或错误。

（2）相比密钥等数据对象，数字图像包含大量的像素点数量。秘密分享每次仅针对一个或几个像素值进行分享操作，因此，协议设计中应当重视分享和恢复算法的高效性。

（3）图像相邻像素值之间存在关联性。图像用以传递视觉信息，相邻像素点之间存在较强的相关性，而该相关性可能导致秘密信息的泄露。因此，在协议的安全性评估中，不仅考虑单个分享的安全性，而应当考虑视觉安全性，避免由像素点相关性引起的视觉信息泄露。

（4）图像传递视觉信息，某些情况下并不要求实现无损恢复。由于人眼的低通滤波性，即使恢复的图像存在部分误差，仍能够有效识别图像传达的视觉信息。因此，部分功能属性的图像分享领域具有较高的价值，如：渐进性、影子图像的可理解性及叠加恢复性等。

3.5 层级式图像共享协议

面对不同的应用场景，其对图像共享协议的需求也有所改变，新的需求可以通过对经典的图像共享协议进一步扩展和改造而达成。在大多数图像共享协议都是假定每个参与者在重构过程中扮演相同的角色，具有相同的优先级的条件下完成的。事实上，也有很多例子表明，一些参与者因其地位的重要性，必须给予他们一些特殊的待遇，例如政府首脑、公司经理等，这就需要为不同的参与者分配不同的权限。层级式图像共享协议（Hierarchical Secret Image Sharing，HSIS）解决了这一问题。本节主要以文献［73］为例，详细介绍分层式图像共享协议。

在（k，n）HSIS 协议中，由共享图像 I 产生的 n 个阴影图像将会分发给不同等级的参与者。每个级别参与者的数量由不同的门限所决定。此外，共享图像的重构需要满足以下两个条件时，才能正确恢复共享图像。

（1）参与重构的参与者的数量不少于 k。

（2）各个等级的参与者的数量均需满足各个等级所对应的门限要求。

具体步骤如下：

假设共享图像 I 可以生成 n 个阴影图像并分发给 $m+1$ 个等级的参与者 $P=\{P_0, P_1, \cdots, P_m\}$。然后，设置一个门限序列 $\{k_0, k_1, \cdots, k_m\}$，其中 $0 < k_0 < k_1 < \cdots < k_m$，且 $k_m = k$ 为恢复共享图像所需的阴影图像总数。

假设 n 个参与者可以划分为如下 $m+1$ 个等级：

$$P_1, P_2, \cdots, P_{l_0} \in Level_1$$

$$P_{l_0+1}, P_{l_0+2}, \cdots, P_{l_1} \in Level_2$$

$$\vdots$$

$$P_{l_{m-1}+1}, P_{l_{m-1}+2}, \cdots, P_n \in Level_m$$

共享图像 I 的重构需要满足一定的门限要求，如：参与重构的参与者中至少要有 k_0 个来自 $Level_1$、k_1 个来自 $Level_2$，…，k_{m-1}个来自 $Level_m$。

给定一个大小为 $M×N$ 的共享图像 I，其在每个位置对应的像素的值可表示为

$s=\{s(i, j) \mid 1 \leqslant i \leqslant W, 1 \leqslant j \leqslant H\}$。对于给定的各个等级的门限 k_j，将共享图像I分发给 n 个参与者的过程和共享图像重构的过程如下：

3.5.1 份额分发

> **输入**：共享图像 I，其尺寸为 $M \times N$，门限序列 $\{k_0, k_1, \cdots, k_m\}$；
>
> **输出**：n 个阴影图像 SC_1，SC_2，…，SC_n；
>
> **步骤 1**：将共享图像 I 分解为 l 个处理单元，每个处理单元包含互不重复的 k 个像素，用 s_0，s_1，…，s_{k-1} 表示，其中，$l=\lfloor (M \times N)/k \rfloor$。
>
> **步骤 2**：每个处理单元构建一个 $k-1$ 次多项式 $f(x)=s_0+s_1x+\cdots+s_{k-1}x^{k-1} \bmod p$。
>
> **步骤 3**：对于属于等级 U_j 的参与者 P_i，首先可以通过对多项式 $f(x)$ 求 k_j 次导，可以得到函数 $f^{(k_j)}(x)$。然后，$SC_i=f^{(k_j)}(i)$ 的值即为在阴影图像 SC_i 中相应位置的像素值。
>
> **步骤 4**：重复步骤 2~步骤 3 直至完成对处理单元的处理，即生成 n 个阴影图像 SC_i。分别将阴影图像 SC_i 发送给参与者 P_i。

3.5.2 秘密重构

假设参与重构的参与者的数量不少于 k，且满足各个等级的门限条件 $\{k_0, k_1, \cdots, k_m\}$，则这 k 个参与者可以通过以下步骤恢复共享图像。

> **输入**：任意 k 个阴影图像，且满足门限条件 $\{k_0, k_1, \cdots, k_m\}$；
>
> **输出**：共享图像 I；
>
> **步骤 1**：利用任意 k_m 个阴影图像，可以重构多项式 $f^{(k_m)}(x)$。再结合任意 k_{m-1} 个阴影图像则可重构出多项式 $f^{(k_{m-1})}(x)$，依此类推，直至重构出多项式 $f(x)$，而 $f(x)$ 的系数即为单个处理单元中的像素的值。
>
> **步骤 2**：重复步骤 1 直至恢复所有的处理单元中像素的值。共享图像 I 完成重构。

图 3-10 以（3，6）HSIS 为例展现了共享图像分发和重构的过程：共享图像根据（3，6）HSIS 算法生成了 $Level_1$、$Level_2$、$Level_3$ 3 个等级的阴影图像，每个等级包含 2 个阴影图像。各个等级的门限值设置为 $k_1=1$，$k_2=2$，$k_3=3$。共享图像的重构需要至少联合 $k=k_3=3$ 个阴影图像，包括至少 $k_1=1$ 个阴影图像来自 $Level_1$、$k_2-k_1=1$ 个阴影图像来自 $Level_2$、$k_3-k_2=1$ 个阴影图像来自 $Level_3$。

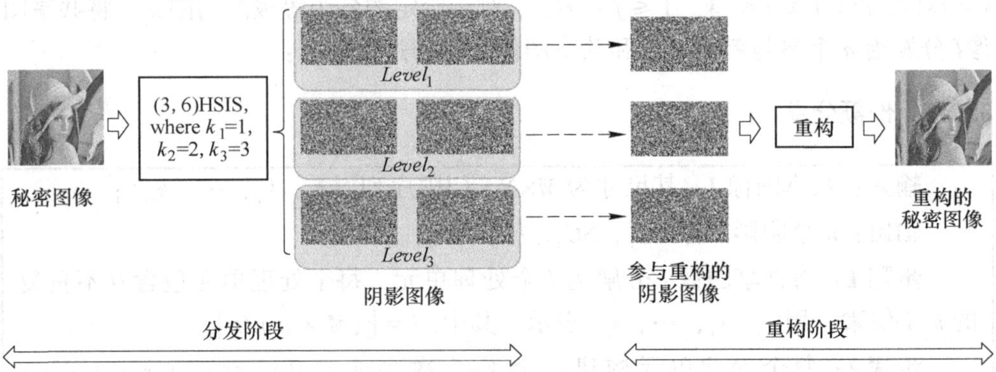

图 3-10　以（3，6）HSIS 为例的共享图像分发和重构过程

3.6　渐进式图像共享协议

在大多数图像共享协议中，重构方必须要收集到足够的份额才能完成，否则的话就不能得到有关共享图像的任何信息。在这种情况下，共享图像的重构需要消耗较多的计算资源及通信资源。考虑到图像数据不同于其他离散数据，图像数据具有较高的关联性，即使在有损的情况下依然保留一定的可用性。在这种情况下，为了提高重构效率，可以设计一种渐进式图像共享协议。在该协议中，随着传输的进行，重构方可以逐渐获得视觉质量提高的图像，在对粗糙数据不感兴趣的情况下，可以立即终止传输以提高重构效率。

3.6.1　渐进式图像共享协议的特征

渐进式图像共享协议（Progressive Secret Image Sharing，PSIS）的特征在于共享图像在重构过程中所展现出的渐进性，即：重构方能够重构出的共享图像的质量与参与重构的阴影图像的数量息息相关。当重构方可以开始重构共享图像时，少量的阴影图像只能重构出较低质量的共享图像，随着阴影图像的数量增多，重构出的共享图像质量越好。这使得渐进式共享图像分享具有广泛的应用。例如，在 PayTV/Music 应用中，多媒体数据作为一种商品需要被保护起来。同时，商家可以利用重构时的渐进性，对不同质量的多媒体数据分别进行定价。质量越高，定价也越高。

从数学描述的角度来看，在渐进式图像共享协议中，重构的共享图像的质量 $Q(t)$ 在区间 $[T_1, T_2]$ 上是随着 t 的变化而变化。当 $T_1 \leqslant t_1 < t_2 \leqslant T_2$ 时，$Q(t_2) > Q(t_1)$，其中，$Q(t)$ 表示由 t 个阴影图像重构出的共享图像的质量。图 3-11 给出了以（(1，3)，3）PSIS 为例的共享图像分发和重构过程。其中，共享图像通过((1, 3), 3)PSIS 算法被分成并加密为 2 张阴影图像。这 3 张阴影图像通过不同数量的组合重构出了三种不同质量的共享图像。

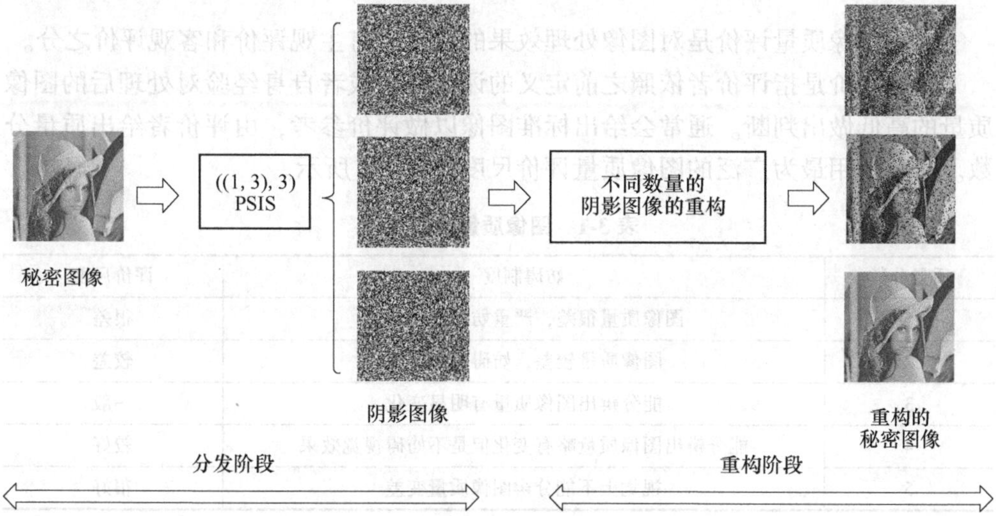

图 3-11 以((1, 3), 3)PSIS 为例的共享图像的分发和重构过程

3.6.2 渐进式图像共享协议的性质

(1) 安全性。渐进式图像共享协议应该满足 (k, n) 门限条件，即当阴影图像的数量少于 k 时，重构方无法重构出有关共享图像的任何信息，即保证共享图像的安全性。

(2) 可识别性。当重构方收集到的阴影图像的数量大于等于 k 时，可以开始重构出共享图像。重构出有关共享图像信息量与阴影图像的数量有关。

(3) 渐进性。当重构方可以开始重构共享图像时，参与重构的阴影图像的数量越多，能够重构出有关共享图像的信息量越高，重构出的共享图像的质量也越高。

(4) 阴影图像顺序的任意性。重构共享图像的结果与阴影图像的数量有关而与顺序无关。

(5) 无像素扩张。阴影图像和重构图像，在尺寸方面，均不大于共享图像。

(6) 无损重构。当重构方收集到足够多的阴影图像时，重构出的最高质量的图像即为原始的共享图像，无像素损失。

实现具有以上性质的渐进式图像共享协议是目前的研究热点，也是主要研究内容之一。

3.7 图像加密效果评价准则

数字图像质量评价是对图像处理效果的评价，有主观评价和客观评价之分。

主观评价是指评价者依照之前定义的评判标准或者自身经验对处理后的图像质量的高低做出判断。通常会给出标准图像以做评价参考，由评价者给出质量分数。目前使用最为广泛的图像质量评价尺度如表 3-1 所示。

表 3-1 图像质量评价尺度

质量分数	妨碍制度	评价尺度
1	图像质量很差，严重妨碍视觉效果	很差
2	图像质量较差，妨碍视觉效果	较差
3	能分辨出图像质量有明显变化	一般
4	能分辨出图像质量略有变化但是不妨碍视觉效果	较好
5	视觉上不能分辨图像质量变差	很好

客观评价采用了一些评价标准算法，对加密算法的效果以具体数字的形式进行量化评价。在图像加密算法中，常用的评价准则有图像信息熵与强度直方图分析、相邻像素的相关性分析、图像质量分析、明文敏感性分析等，具体描述如下。

3.7.1 图像信息熵与强度直方图分析

图像的信息熵可以度量图像中灰度值的概率分布。灰度分布越均匀，加密图像的熵值越高。从而说明，灰度分布越均匀，攻击者从图像中获得的信息就越少，加密算法就越安全。信息熵可以定义为：

$$H = -\sum_{i=1}^{L} p_i \log_2 p_i \tag{3-3}$$

式中，p_i 为图像中灰度值为 i 的概率；L 为图像的灰度等级。信息熵是用来度量图像中灰度值分布是否均匀的一个重要指标，图像的信息熵越大，那么图像灰度值分布越均匀，抵御熵攻击的可能性就越大。

强度直方图是一种常用的分析图像数据的统计工具，能够以图形的形式描述像素数值的特征，更加直观的显示出图像的明暗色调分布。在强度直方图中，横轴表示从黑到白的亮度等级，纵轴表示每个亮度等级下的图像像素的数量。在灰度图像中，由于其像素数值的范围在［0，255］之间，因此，在灰度图像所对应的强度直方图中，其亮度等级可以分为 256 个等级。一个典型的强度直方图如图 3-12 所示。对于 RGB 格式的彩色图像，其强度直方图可以由红、绿、蓝三种颜色的分量进行表示。

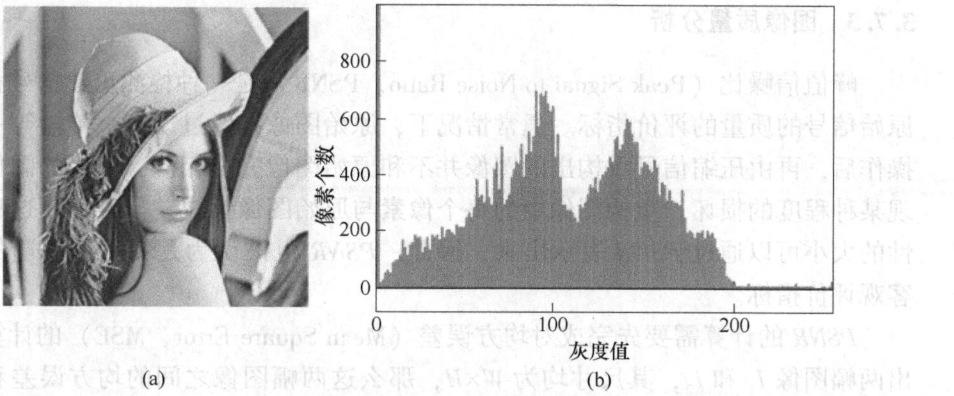

图 3-12　典型的强度直方图
（a）秘密图像；（b）强度直方图

在图像加密领域中，良好的加密机制应尽可能地使密文图像中的每个灰度级的像素数量相等。这是因为密文图像所对应的直方图分布越均匀，则说明密文图像的可读性越差，加密机制的安全性越高。

3.7.2　相邻像素的相关性

相邻像素的相关性是指邻接像素灰度值的相关程度，包括水平方向、垂直方向和对角线方向三个方向。一般来说，与原始图像相比较，在密文图像中相邻像素在不同方向上的相关程度会被极大地破坏，相邻像素的相关系数将大大降低。在图像加密领域中，密文图像相邻像素间的相关性越小，像素的随机性越强，其抵抗统计分析攻击的能力就越强。为了测试两个相邻像素在垂直方向、水平方向和对角线方向的相关性，可以从测试密码图像中获得随机的 2048 对相邻像素。然后，根据式（3-4），计算出每对相邻像素的相关系数。

$$E(x) = \frac{1}{N}x_i$$

$$D(x) = \frac{1}{N}\sum_{i=1}^{N}(x_i - E(x))^2$$

$$Con(x,y) = \frac{1}{N}\sum_{i=1}^{N}(x_i - E(x))(y_i - E(y)) \tag{3-4}$$

$$r_{xy} = \frac{Con(x,y)}{\sqrt{D(x)}\ \sqrt{D(y)}}$$

式中，x 和 y 分别为图像中的两个相邻像素的灰度值；r_{xy} 为两个相邻像素的相关系数。r_{xy} 的值越小，则说明相邻像素之间的关联度越小，加密效果越好。

3.7.3 图像质量分析

峰值信噪比（Peak Signal to Noise Ratio，PSNR）是一种检测重建信号相对于原始信号的质量的评价指标。通常情况下，原始图像在经过压缩、传输等一系列操作后，再由压缩信号重构出的图像并不和原始图像完全相同，重构的图像会出现某种程度的损坏。重构图像中的每个像素与原始图像存在差异性。而这种差异性的大小可以通过 *PSNR* 表示出来，因此，*PSNR* 也被认为是一种最普遍的图像客观评价指标。

PSNR 的计算需要先完成对均方误差（Mean Square Error，MSE）的计算。给出两幅图像 I_1 和 I_2，其尺寸均为 $W\times H$，那么这两幅图像之间的均方误差和峰值信噪比可以分别根据式（3-5）和式（3-6）计算得到。

$$MSE = \frac{1}{W \times H}\sum_{i=0}^{W-1}\sum_{j=0}^{H-1}[I_1(i,j) - I_2(i,j)]^2 \tag{3-5}$$

$$PSNR = 10 \times \lg\left(\frac{\mathrm{Max}_I^2}{MSE}\right) = 20 \times \lg\left(\frac{\mathrm{Max}_I}{\sqrt{MSE}}\right) \tag{3-6}$$

式中，Max_I 为图像像素的灰度最大值，在灰度图像中，每个像素的灰度值可以用 8 位表示，此时 $\mathrm{Max}_I = 255$。

在图像加密质量评估中，*MSE* 的值越小，则 *PSNR* 的值越大，代表图像的质量越好。通常情况下可以认为，*PSNR* 的值高于 40dB 则说明图像的质量很好，即非常接近原始图像；*PSNR* 的值在 30~40dB 范围内则表示图像的质量虽然有所失真，但总体的质量是在可接受范围内的；*PSNR* 的值在 20~30dB 范围内则说明图像的质量较差，出现了较大的失真；*PSNR* 的值低于 20dB 则说明图像的质量较差。

3.7.4 明文敏感性分析

为了检测原始图像中的单个像素对整个密文图像的影响，通常采用两种方法进行评估：像素个数改变的比率（Number of Pixels Change Rate，NPCR）和像素灰度值的平均改变强度（Unified Average Changing Intensity，UACI）。*NPCR* 记录的是两幅密文图像不同像素个数的百分比，而 *UACI* 记录的是两幅图像差别的平均强度。*NPCR* 和 *UACI* 的定义分别如下：

首先给出只有一个像素灰度值改变的明文图像所对应的两个不同的密文图像 C_1 和 C_2，位置（i，j）所对应的像素灰度值分别记为 $C_1(i, j)$ 和 $C_2(i, j)$。定义一个二值数组 D，其大小由图像 C_1 和 C_2 决定，若 $C_1(i, j) = C_2(i, j)$，则 $D(i, j) = 0$，反之，若 $C_1(i, j) \neq C_2(i, j)$，则 $D(i, j) = 1$。

NPCR 的值可以根据式（3-7）得到：

$$NPCR = \frac{\sum_{i,j} D(i,j)}{W \times H} \times 100\% \tag{3-7}$$

式中，密文图像的大小为 $W \times H$；C_1 和 C_2 为两幅密文图像，它们之间只有 1 个像素的差别。

UACI 的值可以根据式（3-8）得到：

$$UACI = \frac{1}{W \times H}\left[\sum_{i,j} \frac{C_1(i,j) - C_2(i,j)}{255}\right] \times 100\% \tag{3-8}$$

在图像加密质量评估中，我们认为，在理想情况下，当 *NPCR* 的值越高、*UACI* 的值在中间范围内波动时，就可以说明该加密算法有较好的表现。

3.8 衡量密码体制安全性的基本准则

对于加密法的评估，20 世纪 40 年代，Shannon 提出了一个常用的评估概念，他认为一个好的加密法应具有混淆性（Confusion）和扩散性（Diffusion）。

混淆性意味着加密法应隐藏所有的局部模式，将可能导致破解密钥的提示性信息特征进行隐藏。

扩散性要求加密法将密文的不同部分进行混合，使得任何字符都不在原来的位置。

3.8.1 安全的密码系统条件

加密系统的评估也要考虑经济因素，一个加密算法不光是为了安全而“牢不可破”（而且它未必是牢不可破的），如果获得信息的代价比破解加密的代价更小，可以认为该数据是安全的；如果破解加密需要的时间比信息的有用周期更长，该数据也认为是安全的。换句话说，任何加密算法的最终安全性基于这样一个原则：付出大于回报。按照这一原则，安全的密码系统应具备以下条件。

（1）系统即使达不到理论上是不可破译的，也应该是实际上不可破译的。

（2）系统的保密性不依赖于加/解密算法和系统的保密，而仅仅依赖于密钥的保密性。

（3）加/解密运算简单、快捷，易于软/硬件实现。

（4）加/解密算法适用于所有密钥空间的元素。

3.8.2 衡量密码体制安全性准则

破译密码需要考虑破译的时间复杂度（计算时间）和空间复杂度（计算能力），衡量密码体制安全性的基本准则有以下几种。

（1）计算安全的（Computational Secuity）：如果译所需的计算能力计算时间

是现实条件所不具备的，那么就认为相应的密码体制是满足计算安全性的。这意味着强力破解证明是安全的。

（2）可证明安全的（Provable Security）：如果对一个密码体制的破译依赖于对某一个经过深入研究的数学难题的解决，就认为相应的密码体制是满足可证明安全性的。这意味着理论保证是安全的。

（3）无条件安全的（Unconditional Security）：如果假设攻击者在用于无限计算能力和计算时间的前提下，也无法破译加密算法，就认为相应的密码体制是无条件安全性的。这意味着在极限状态下是安全的。

比如基于有限域上的 Lagrange 插值算法的 Shamir 的秘密分享方案是无条件安全的。计算安全性比信息论安全要弱，因为它要依赖于一些假设来实现，而后者的实现则不基于任何的假设。常见的计算安全性的密码方案[41]有 Diffie-Hellman 密钥交换协议，它是基于离散对数（DL）在有限域上解的困难性假设。

除了一次一密加密算法以外，从理论上来说，不存在绝对安全的密码体制。因此实际应用中，只要我们能够证明采用的密码体制是计算安全的，就有理由认为加密算法是安全的，因为计算安全性能够保证所采用的算法在有效时间内的安全性。

3.9 本章小结

首先介绍了有关数字图像的基本知识，在以数字图像为目标的基础上，介绍了秘密分享方案的基本原理。其次给出了基于多项式的图像共享协议的定义，介绍了层级式图像共享协议、渐进式图像共享协议、渐进式图像共享协议的基本原理和相关算法。此外，本章还给出了几种针对图像加密效果的评估准则，用来评估图像加密算法的效果。

4 多等级渐进式图像共享协议

4.1 问题提出

随着互联网的蓬勃发展，社交网络也越来越普及，这使得社交网络中的用户比以往任何时候都更容易与来自世界任何地方的任何人分享他们的照片、视频和其他媒体内容[75,76]。手机用户可以随时随地拍照，并在社交社区中轻松分享，如 Facebook 上每天上传的照片超过 3.5 亿张。虽然越来越多的人享受着分享照片的好处，但与此同时，隐私泄露问题日渐成为一个主要安全问题。现有的照片分享网站（如：Instagram、Facebook、微信、微博等）大多允许注册用户在有限制或没有限制的情况下访问其他用户的照片。虽然这些网站使用了一些访问控制机制来控制用户自己的空间里包含的信息的访问权限，但用户无法控制他们的空间之外的照片的访问权限，即：虽然你的脸出现在别人拍的照片中，但你无法控制照片的分享方式。这就很可能是由拍照者或上传者在 Facebook 等大多数在线社交网络中决定的。为了解决个人隐私保护问题，不仅需要引入和完善相关法律，也给研究人员利用密码技术保护用户隐私带来了新的挑战。

到目前为止，基于加密的访问控制可以在媒体共享中保护用户隐私[77,78]。具体来说，内容所有者为加密的内容设置访问策略。内容使用者能否解密内容取决于访问特权的可用性[79,80]。传统的基于单一访问策略的访问控制机制无法满足大规模媒体共享系统中用户的隐私需求[81]。使用传统加密方法，会造成加密的速度较慢且效率较低。而且，混沌加密系统虽能有效安全地加密图像，但是它在加密局部图像方面不够灵活。这种机制牺牲了内容的受欢迎程度。单一访问策略可以很容易地阻塞大量用户，这将显著降低传播的广度和深度以及内容上的交互程度。除此之外，单一的访问权限无法适应多层次的社交关系，因为它将所有用户简单地分为在线或离线两组。因此，为共享媒体内容配置多个级别的访问策略是十分必要的。一方面，它在信息传播方面符合社交网络的原则；另一方面，也符合了社交网络用户之间复杂多样的社交关系。

本章提出一种多等级渐进式共享图像分享协议，该协议提供了一种随着阴影图像数量的增加而逐渐恢复共享图像的方法。在本章所提出的协议中，可以为共享的图像配置多个等级的访问策略，与之对应的是多个门限的设置。由共享图像生成的每个阴影图像都起到等价的作用。由不同数量的阴影图像的合作可以达到不同等级的门限要求，从而重构不同质量的图像。这种共享图像模式可以为那些享受在网络上发布照片服务的用户提供一种保护隐私的方法。用户可以通过设置隐私权限来保护自己的隐私。用户发布的图像可以根据不同的访问策略控制其他用户的下载权限。

4.2 提出协议

提出一种多等级渐进式图像共享协议（简称 (t, r, n)SIS 协议），该协议提供了一种随着阴影图像数量的增加而逐渐恢复共享图像的方法。在 (t, r, n) SIS 协议中，可以为共享图像配置多个等级的访问策略，与之对应的是多个门限的设置。由共享图像生成的每个阴影图像都起到等价的作用。由不同数量的阴影图像的合作可以达到不同等级的门限要求，从而重构出不同质量的共享图像。特别的，在合理的门限设置下，可以做到即使只有一个阴影图像，参与者也可以看到共享图像的轮廓，随着分享者增加而逐步增加图像的清晰度，当达到最高门限值时，就可以得到无损的图像。

在 (t, r, n)SIS 协议中，由共享图像生成的 n 个阴影图像具有相同的优先级。在共享图像的重构过程中，重构图像的质量被分成了 $L_k(k=1, 2, \cdots, r)$ 个等级，不同的等级对应着不同质量的图像，同时也对应着不同的门限要求，用门限序列 $t_k(t_1 < t_2 < \cdots < t_r = t)$ 表示。其中，L_1 代表着最低等级，意味着只要结合 t_1 个份额即可开始恢复图像。此时所需的份额的数量最少，但恢复的图像的质量最低。如果想要恢复更高质量的图像，则需要联合更多的份额。当联合的份额达到 t_r 时，此时就已达到最高等级 L_r 的门限要求，恢复的图像是无损的、最高质量的图像。图 4-1 展示了本章提出协议中份额生成阶段的流程图。

假设有一张尺寸为 $M_s \times N_s$ 的灰度共享图像 I 和一张尺寸为 $M_o \times N_o$ 的载体图像 O，(t, r, n)SIS 协议的具体过程如下。

4.2.1 准备过程

在准备过程中，最主要的功能就是完成对像素的比特位进行分割并重新按照一定的规则进行组合，如图 4-2 所示。具体步骤如下。

步骤 1：在共享图像 I 和载体图像 O 中，各个位置所对应的像素的数值可以分别用 $S=\{s_i \mid i=1, 2, \cdots, M_s \times N_s\}$ 和 $O=\{o_j \mid j=1, 2, \cdots, M_o \times N_o\}$ 表示。

步骤 2：将图像 I 中每 r 个 s_i 像素划分为一个处理单元，每个 s_i 属于且仅属于一个处理单元。

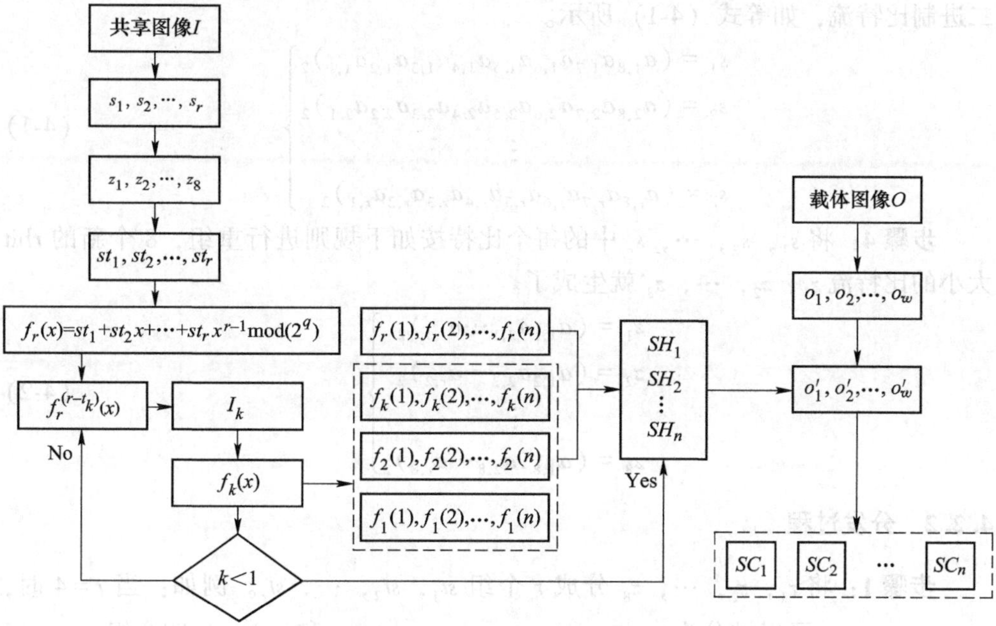

图 4-1 本章提出协议中份额生成阶段流程图

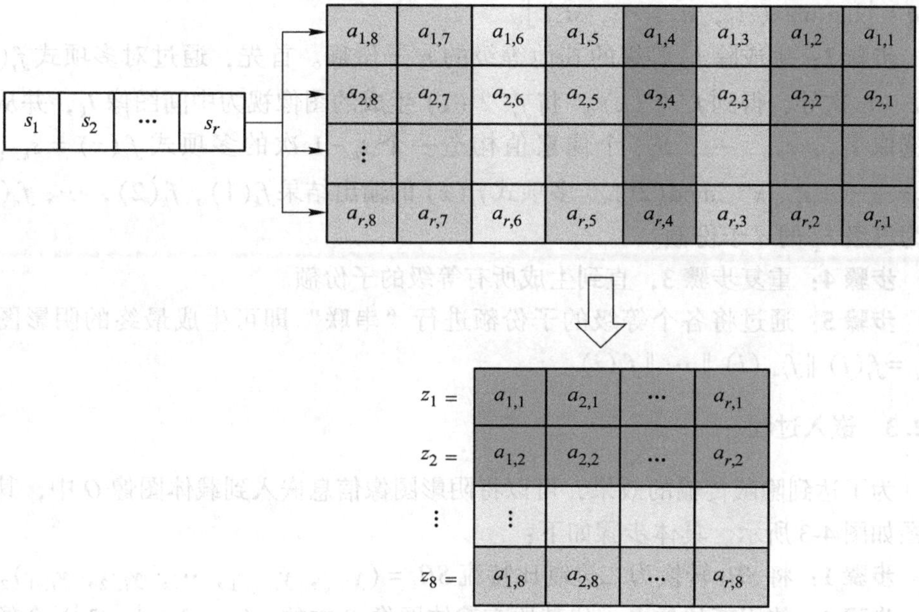

图 4-2 像素重组过程

步骤 3：对于处理单元中的每个像素 s_i，都可以将十进制的 s_i 转换为 8bit 的二进制比特流，如等式（4-1）所示。

$$\left.\begin{aligned} s_1 &= (a_{1,8}a_{1,7}a_{1,6}a_{1.5}a_{1,4}a_{1,3}a_{1,2}a_{1,1})_2 \\ s_2 &= (a_{2,8}a_{2,7}a_{2,6}a_{2.5}a_{2.4}a_{2.3}a_{2.2}a_{2.1})_2 \\ &\vdots \\ s_r &= (a_{r,8}a_{r,7}a_{r,6}a_{r,5}a_{r,4}a_{r.3}a_{r,2}a_{r,1})_2 \end{aligned}\right\} \tag{4-1}$$

步骤 4：将 s_1，s_2，…，s_r 中的每个比特按如下规则进行重组，8 个新的 $r$bit 大小的比特流 z_1，z_2，…，z_8 就生成了。

$$\left.\begin{aligned} z_1 &= (a_{1,1}a_{2,1}\cdots a_{r,1})_2 \\ z_2 &= (a_{1,2}a_{2,2}\cdots a_{r,2})_2 \\ &\vdots \\ z_8 &= (a_{1,8},a_{2,8}\cdots a_{r,8})_2 \end{aligned}\right\} \tag{4-2}$$

4.2.2 分发过程

步骤 1：将 z_1，z_2，…，z_8 分成 r 个组 st_1，st_2，…，st_r。例如：当 $r=4$ 时，z_1，z_2，…，z_8 可以被分为 $st_1=z_8z_1$、$st_2=z_7z_2$、$st_3=z_6z_3$ 和 $st_1=z_5z_4$ 四个组。

步骤 2：利用 st_1，st_2，…，st_r 构建 $r-1$ 次多项式 $f_r(x) = st_1 + st_2x + \cdots + st_rx^{r-1}\bmod(2^q)$，通过计算 $f_r(1)$，$f_r(2)$，…，$f_r(n)$ 生成 L_r 等级的 n 子份额，其中 $q=\lfloor\log_2\max(st_1,\ st_2,\ \cdots,\ st_r)\rfloor$。

步骤 3：生成除 L_r 等级的其他等级的 n 子份额。首先，通过对多项式 $f_r(x)$ 求 $r-t_k$ 次导，得到 $f_r^{(r-t_k)}(x)$。将 $f_r^{(r-t_k)}(1)$ 生成的图像视为中间图像 I_k，并从 I_k 中选取 $s_{k,1}$，$s_{k,2}$，…，S_{k,t_k} 个像素值构造一个 t_k-1 次的多项式 $f_k(x) = s_{k,1} + s_{k,2}x + \cdots + s_{k,t_k}x^{t_k-1}\bmod(2^q)$。多项式 $f_k(x)$ 的输出结果 $f_k(1)$，$f_k(2)$，…，$f_n(n)$ 即为等级 L_k 的 n 子份额。

步骤 4：重复步骤 3，直到生成所有等级的子份额。

步骤 5：通过将各个等级的子份额进行“串联”即可生成最终的阴影图像 $SH_i = f_r(i) \| f_{r-1}(i) \| \cdots \| f_1(i)$。

4.2.3 嵌入过程

为了达到隐蔽传输的效果，可以将阴影图像信息嵌入到载体图像 O 中，其流程图如图 4-3 所示。具体步骤如下：

步骤 1：将 SH_i 转换为二进制比特流 $SH_i = (y_{i,q},\ y_{i,q-1},\ \cdots,\ y_{i,2},\ y_{i,1})_2$。

步骤 2：使用新的像素 o' 代替原有载体图像 O 中的 $w(w = \log_2\lfloor g/2\rfloor)$ 个像素 o，其中：

$$\left.\begin{aligned} o'_1 &= o_{1,8}o_{1,7}o_{1,6}o_{1,5}o_{1,4}o_{1,3}y_2y_1 \\ o'_2 &= o_{2,8}o_{2,7}o_{2,6}o_{2,5}o_{2,4}o_{2,3}y_4y_3 \\ &\vdots \\ o'_w &= o_{w,8}o_{w,7}o_{w,6}o_{w,5}o_{w,4}o_{w,3}y_qy_{q-1} \end{aligned}\right\} \tag{4-3}$$

重组后所得到的 n 个图像即为最终的 n 个份额。

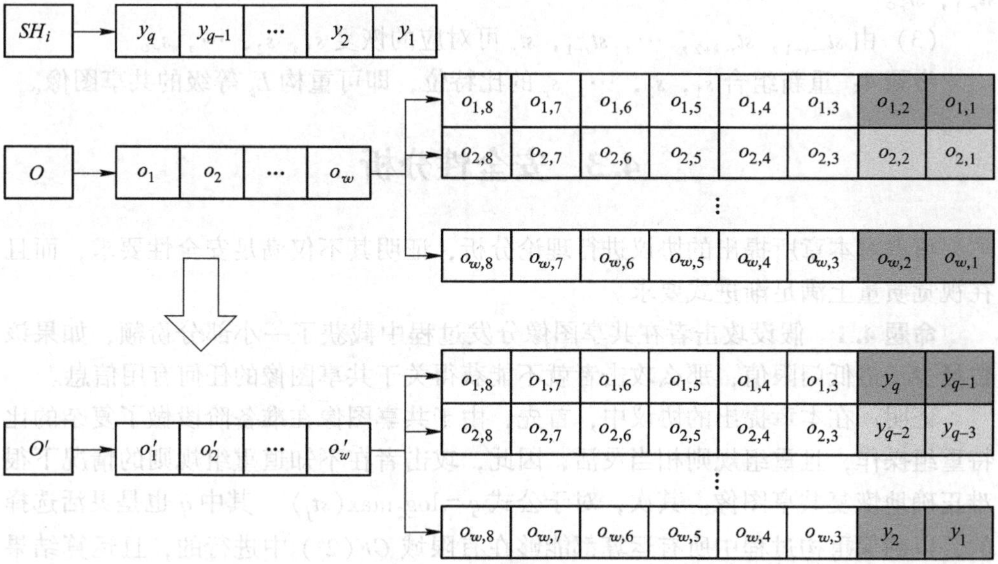

图 4-3 嵌入过程流程图

4.2.4 重构过程

在大部分图像共享协议中，共享图像的恢复需要联合的份额的数量不应少于门限要求。在本章提出的协议中，即使联合的份额数量没有达到门限值，依然可以基于少量的份额来重构一个低等级的、模糊的共享图像。随着参与重构的份额的数量不断增加，恢复的共享图像的等级也不断提升，并且重构出的共享图像的质量也不断提高，直到实现无损恢复。

假设 Num_{shares} 代表参与重构共享图像的份额的数量，满足 $t_1 \leqslant Num_{shares} \leqslant n$。共享图像恢复的具体操作如下：

步骤 1：在每个份额中，提取每个像素的后 2 比特，得到阴影图像 SH_i，其中 $SH_i = y_qy_{q-1} \parallel y_{q-2}y_{q-3} \parallel \cdots \parallel y_2y_1$。

步骤 2：将 SH_i 按照一定的比例分割，可得到 $f_r(i)$，$f_{r-1}(i)$，…，$f_1(i)$。

步骤 3：若 $Num_{shares} \in [t_k,\ t_{k+1})$，则说明 Num_{shares} 个份额可以重构 L_k 等级的共享图像。若要恢复 L_k 等级的共享图像，则需要先恢复 L_{k-1} 等级的共享图像。具体过程如下：

（1）任取 t_{k-1} 对（i，$f_{k-1}(i)$），利用 Birkhoff 差值重构（$t_{k-1}-1$）次多项式 $f_{k-1}(x)$，$f_{k-1}(x)$ 对应的系数即为中间图像 I_{k-1} 的像素的值。

（2）由于 I_{k-1} 源自于 $f^{(r-t_k)}(x)$，因此，任取 t_k 对（i，$f^{(r-t_k)}(i)$）可以利用 Birkhoff 差值重构出（t_k-1）次多项式 $f_k(x)$，其对应的系数即为 st_{r-k+1}，st_{r-k+2}，…，st_{r-1}，st_r。

（3）由 st_{r-k+1}，st_{r-k+2}，…，st_{r-1}，st_r 可对应的恢复 s_1，s_2，…，s_r。

步骤 4：重新组合 s_1，s_2，…，s_r 的比特位，即可重构 L_k 等级的共享图像。

4.3 安全性分析

重点对本章所提出的协议进行理论分析，证明其不仅满足安全性要求，而且在视觉质量上满足渐进式要求。

命题 4.1 假设攻击者在共享图像分发过程中截获了一小部分份额，如果该数量少于最低门限值，那么攻击者就不能获得关于共享图像的任何有用信息。

证明：在本章提出的协议中，首先，由于共享图像在准备阶段做了复杂的比特重组操作，且重组规则相当灵活，因此，攻击者在不知道重组规则的情况下很难正确地恢复共享图像。其次，对于公式 $q=\log_2\max(st_j)$，其中 q 也是灵活选择的，以确保重构过程中所有运算都能够在有限域 $GF(2^q)$ 中进行的，且运算结果与 q 的选择有关。除此之外，在生成每一等级的子份额时，如 L_k 等级，则需要有 t_k 个像素值 $s_{k,1}$，$s_{k,2}$，…，s_{k,t_k}，而这些像素的值是多项式 $f_k(x)$ 的 t_k 个系数，需要联合至少 t_k 个方程才能重新恢复 $f_k(x)$。假设攻击者已获得 t_k-1 对（1，$f_k(1)$），（2，$f_k(2)$），…，（t_k-1，$f_k(t_k-1)$），可获得 t_k-1 个方程：

$$\left.\begin{aligned}(s_{k,1}+s_{k,2}+\cdots+s_{k,t_k})\bmod(2^q)&=f_k(1)\\(s_{k,1}+2\cdot s_{k,2}+\cdots+2^{t_k-1}\times s_{k,t_k})\bmod(2^q)&=f_k(2)\\&\vdots\\(s_{k,1}+(t_k-1)\cdot s_{k,2}+\cdots+(t_k-1)^{t_k-1}\times s_{k,t_k})\bmod(2^q)&=f_k(t_k-1)\end{aligned}\right\}(t_k-1)\text{ 个方程}$$

如果用（t_k-1）个方程解 t_k 个方程，则将产生 2^q 个可能解，而得到正确解的概率仅仅是 $1/2^q$。并且，得到正确解的概率会随着恢复图像的等级的增高而呈指数型递减，大大降低了攻击者获取共享图像的概率。此外，本章提出协议的安全性是基于多项式的复杂度，而不依赖任何计算困难性问题。因此，该协议是满足理论计算安全的。

综上所述，当攻击者在共享图像分发过程中截获了少部分份额时，如果该数量少于最低门限值，那么攻击者不能获得关于共享图像的任何有用信息。

4.4 实验结果及对比分析

4.4.1 仿真实验

展示的所有的仿真实验结果都是在 8GB RAM、英特尔处理器 Intel(R) Core(TM)i7-8550U CPU @ 1.80GHz 条件下使用 Matlab 2014 软件完成的，实验结果充分展明了所提协议具有渐进性重构的特征，同时也证明了协议的安全性。

首先，我们以“Lena”为共享图像，以（4，4，7)SIS 为例，给定一张共享图像（见图 4-4（a）“Lena”，其大小为 256×256)，共享图像将会被分成如图 4-4（b）所示的 7 个阴影图像 SH_1-SH_7。给定一张载体图像（见图 4-4（c）

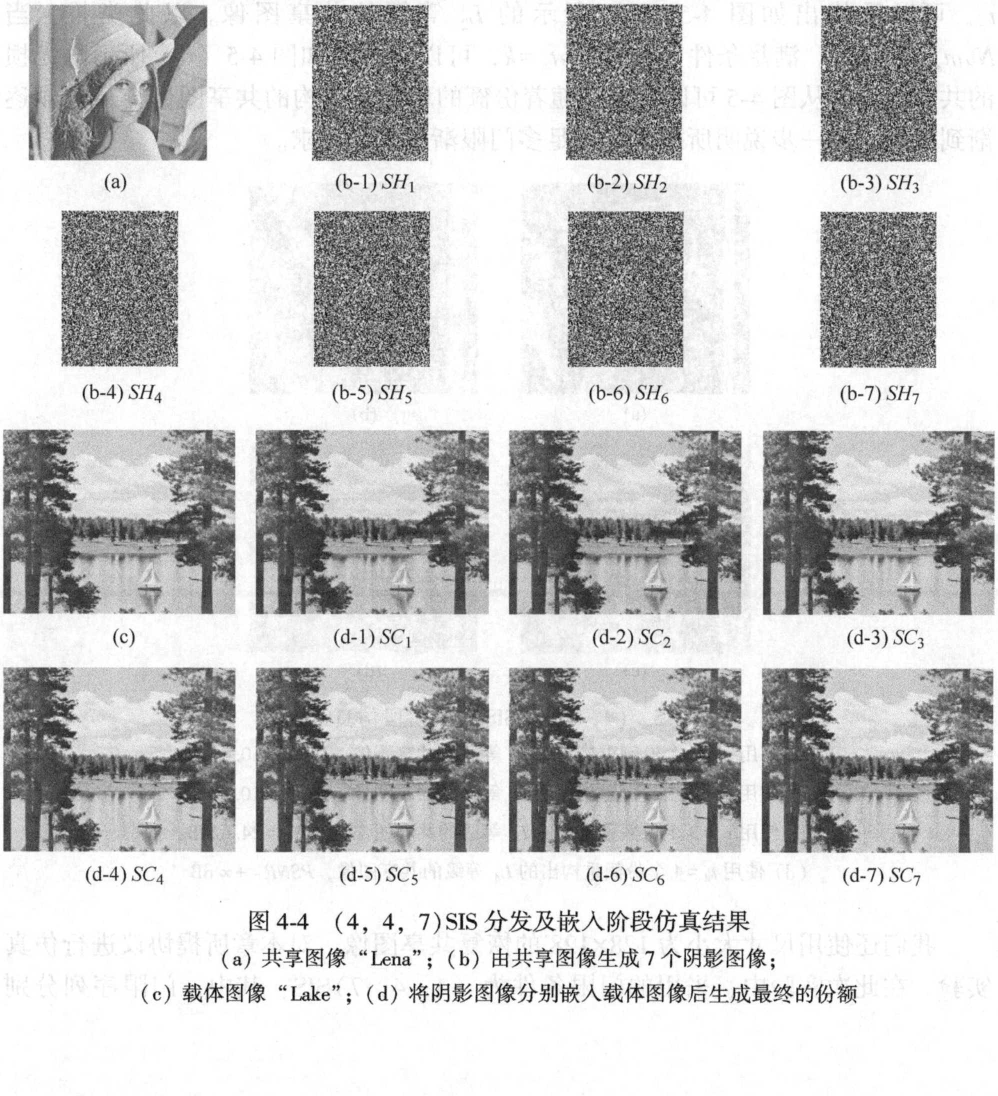

图 4-4 （4，4，7)SIS 分发及嵌入阶段仿真结果

（a）共享图像“Lena”；（b）由共享图像生成 7 个阴影图像；

（c）载体图像“Lake”；（d）将阴影图像分别嵌入载体图像后生成最终的份额

“Lake”，其大小为 512×512），通过将 7 个阴影图像分别嵌入载体图像后，得到如图 4-4（d）所示的最终的份额 SC_1，SC_2，SC_3，SC_4，SC_5，SC_6，SC_7。由实验结果显示，共享图像在分发阶段产生的阴影图像类似于随机噪声图像，单个阴影图像无法得知共享图像的有关信息。与此同时，在阴影图像嵌入载体图像后，生成的份额在视觉上与原载体图像无差别。因此，通过阴影图像在载体图像的掩盖下进行传输，可以大大降低吸引攻击者注意的概率，进一步保证共享图像的安全性。

在共享图像的重构阶段，重构的共享图像可分为 4 个等级。假设每个等级对应的门限序列依次为 $t_1=1$，$t_2=2$，$t_3=3$，$t_4=4$，图 4-5 展现了每个等级对应着不同质量的共享图像。当 $Num_{shares}=1$ 时，满足 $t_1 \leqslant Num_{shares} < t_2$，可以重构出如图 4-5（a）所示的 L_1 等级的共享图像。同理，当 $Num_{shares}=2$ 时，满足 $t_2 \leqslant Num_{shares} < t_3$，可以重构出如图 4-5（b）所示的 L_2 等级的共享图像。以此类推，当 $Num_{shares}=4$ 时，满足条件 $Num_{shares} \geqslant t_4=k$，可以重构出如图 4-5（d）所示的无损的共享图像。从图 4-5 可以看出，随着份额的增加，重构的共享图像会从模糊逐渐到清晰，进一步说明所提协议满足多门限渐进式的要求。

(a)　(b)

(c)　(d)

图 4-5　(4，4，7) SIS 重构阶段仿真结果

(a) 使用 $t_1=1$ 个份额重构出的 L_1 等级的共享图像，$PSNR=10.42$dB；

(b) 使用 $t_2=2$ 个份额重构出的 L_2 等级的共享图像，$PSNR=10.87$dB；

(c) 使用 $t_3=3$ 个份额重构出的 L_3 等级的共享图像，$PSNR=24.62$dB；

(d) 使用 $t_4=4$ 个份额重构出的 L_4 等级的共享图像，$PSNR=+\infty$ dB

我们还使用尺寸大小为 128×128 的恢复共享图像，对本章所提协议进行仿真实验。在此次实验中，采用的门限条件为（4，4，7）SIS，其中，门限序列分别

设置为 $t_1=1$，$t_2=2$，$t_3=3$，$t_4=4$，实验结果如图 4-6 所示。图 4-6（a）为一张原始的灰度共享图像，名为“辣椒”，图 4-6（b）为一张灰度图的载体图像，名为“喷气式飞机”。当共享图像通过图像分发算法后，将生成 7 个阴影图像。为了在传输过程中，减少攻击者的注意，可以将生成的阴影图像嵌入载体图像中，从而得到如图 4-6（c）所示的 7 个份额，即 SC_1，SC_2，SC_3，SC_4，SC_5，SC_6，SC_7。

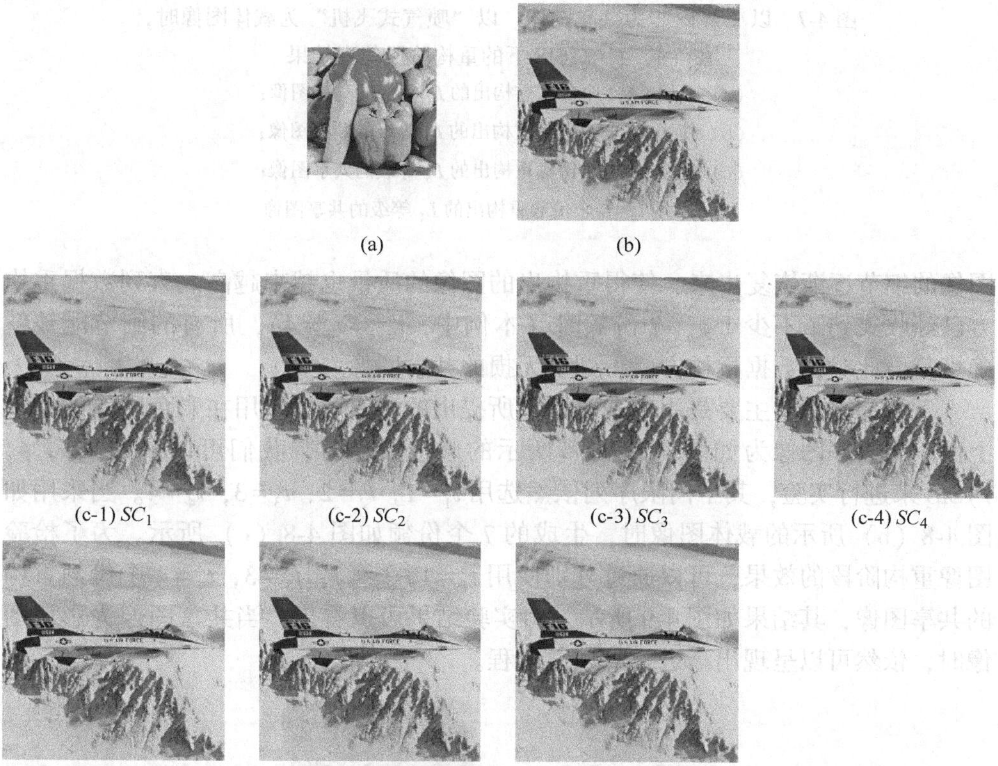

(a) (b)

(c-1) SC_1 (c-2) SC_2 (c-3) SC_3 (c-4) SC_4

(c-5) SC_5 (c-6) SC_6 (c-7) SC_7

图 4-6 以“辣椒”为共享图像、以“喷气式飞机”为载体图像时，在（4，4，7）SIS 下的嵌入阶段仿真结果

（a）共享图像“辣椒”；（b）载体图像“喷气式飞机”；

（c）将阴影图像分别嵌入载体图像后生成最终的份额

图 4-7 显示了分别使用 $t_1=1$，$t_2=2$，$t_3=3$，$t_4=4$ 个份额重构的共享图像。从图 4-7 中可以看出，当参与重构的份额的数量等于 t_1 时，重构出的共享图像的质量并不高，共享图像基本的信息可以完全地被恢复，但只能恢复出原始共享图像的轮廓，细节并不能识别，这说明了本章所提协议的安全性。随着重构方收集到的份额的逐渐增多，这些份额能够满足越来越高的门限条件，从而可以将共享

(a) (b) (c) (d)

图 4-7 以“辣椒”为共享图像、以“喷气式飞机”为载体图像时，
在（4，4，7）SIS 下的重构阶段仿真结果
（a）使用 $t_1=1$ 个份额重构出的 L_1 等级的共享图像；
（b）使用 $t_2=2$ 个份额重构出的 L_2 等级的共享图像；
（c）使用 $t_3=3$ 个份额重构出的 L_3 等级的共享图像；
（d）使用 $t_4=4$ 个份额重构出的 L_4 等级的共享图像

图像的细节逐渐恢复出来，使得重构出的图像的质量也越来越高。直到数据重构方已经收集到了不少于 t_{max} 个份额时（本例中，$t_{max}=t_4=4$），所有的细节能被精确恢复。此时，数据重构方就得到了无损的共享图像。

下面一个例子主要是用来表明本章所提出的协议可以应用在彩色图像的共享上面。当共享图像为如图 4-8（a）所示的彩色图像时，我们可以采用（4，4，7）SIS 来进行实验，其中门限序列依然选用 $t_1=1$，$t_2=2$，$t_3=3$，$t_4=4$。当采用如图 4-8（b）所示的载体图像时，生成的 7 个份额如图 4-8（c）所示。为了检验图像重构阶段的效果，可以通过分别使用 $t_1=1$，$t_2=2$，$t_3=3$，$t_4=4$ 个份额重构的共享图像，其结果如图 4-9 所示。由实验结果可以看出，当共享图像为彩色图像时，依然可以呈现出渐进式的恢复过程。

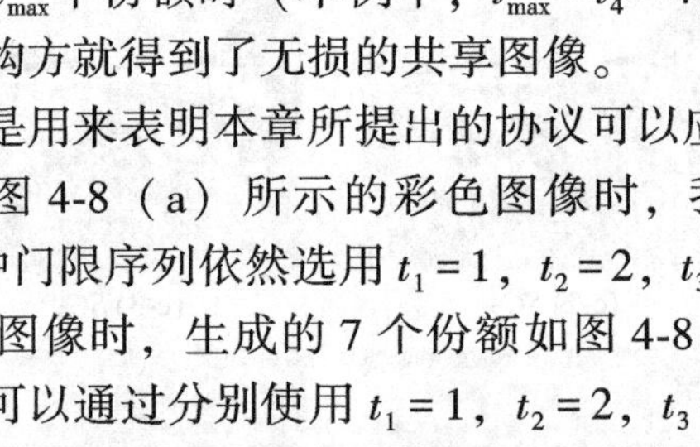

(a) (b)

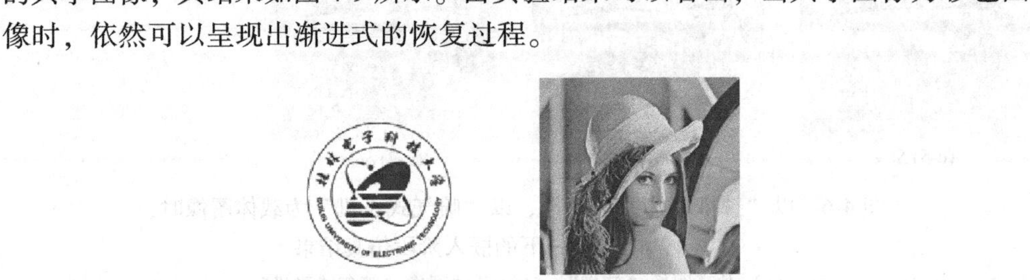

(c-1) SC_1 (c-2) SC_2 (c-3) SC_3 (c-4) SC_4

(c-5) SC_5　　(c-6) SC_6　　(c-7) SC_7

图 4-8　以彩色的“GUET”为共享图像、“Lena”为载体图像时，
在（4，4，7）SIS 下的嵌入阶段仿真结果

（a）共享图像；（b）载体图像；（c）将阴影图像分别嵌入载体图像后生成最终的份额

(a)　(b)　(c)　(d)

图 4-9　以彩色的“GUET”为共享图像、“Lena”为载体图像时，
在（4，4，7）SIS 下的重构阶段仿真结果

（a）使用 $t_1=1$ 个份额重构出的 L_1 等级的共享图像；（b）使用 $t_2=2$ 个份额重构出的 L_2 等级的共享图像；（c）使用 $t_3=3$ 个份额重构出的 L_3 等级的共享图像；（d）使用 $t_4=4$ 个份额重构出的 L_4 等级的共享图像

除了利用视觉评估共享图像的渐进式恢复的效果，我们还可以利用数值来体现。例如，峰值信噪比（Peak Signal to Noise Ratio，PSNR）是衡量图像质量的一个常见方法。*PSNR* 可被定义为：

$$PSNR = 10 \times \lg \frac{255 \times 255}{MSE} \mathrm{dB} \tag{4-4}$$

$$MSE = \frac{1}{M_s \times N_s} \sum_{i=1}^{M_s} \sum_{j=1}^{N_s} (s_{i,j} - s'_{i,j})^2 \tag{4-5}$$

式中，*MSE* 为原始图像与重构图像之间的均方误差，可以通过式（4-5）计算得出；$s_{i,j}$和 $s'_{i,j}$ 分别为原始图像和重构图像在位置（i，j）上的像素的数值。从图 4-5、图 4-7 和图 4-9 中各个等级的图像所对应的 *PSNR* 的值可以看出，随着份额的不断增加，重构的共享图像的质量不断提高，直到达到无损恢复共享图像。

为了不失一般性，我们还在其他图像（见图 4-10）上做了大量的仿真实验。为了衡量份额的视觉质量，同样利用 *PSNR* 衡量份额和载体图像之间的差异。表 4-1 展现了由不同测试图像产生的份额所对应的 *PSNR* 的值。由表 4-1 可以看出，每个份额的 *PSNR* 的值都大于 43dB，说明由共享图像产生的每个阴影图像都能够较好地隐写在载体图像中。

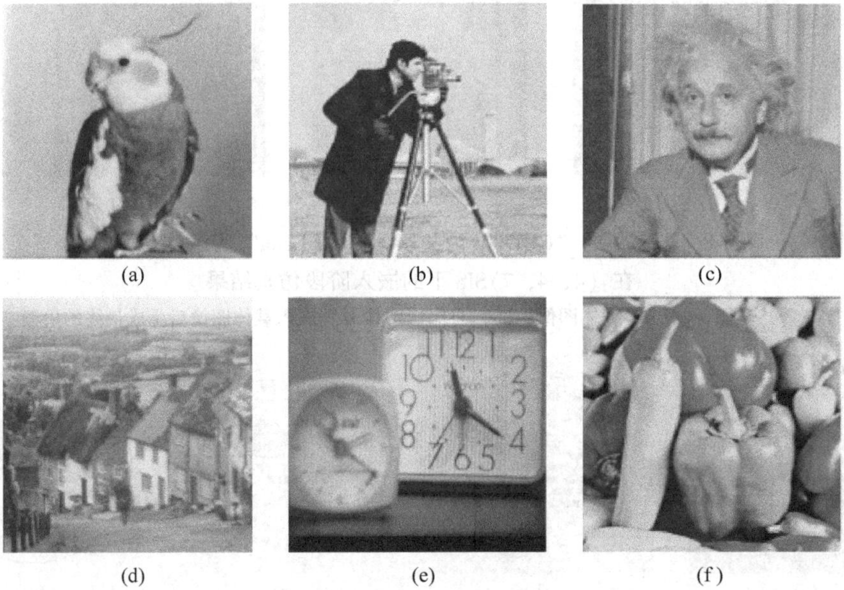

图 4-10 其他测试图像

（a）鸟；（b）摄影师；（c）爱因斯坦；（d）市政厅；（e）钟表；（f）辣椒

表 4-1 不同测试图像产生的份额所对应的 *PSRN* 值 (dB)

测试图像	*PSNR*
鸟	43.727
摄影师	43.729
爱因斯坦	43.751
市政厅	44.123
钟表	43.650
辣椒	44.094

同时，还针对不同等级的重构图像，记录下它们各自所对应的 *PSNR* 值，其结果如表 4-2 所示。由表 4-2 可以看出，随着重构出的共享图像的等级越来越高，其对应的 *PSNR* 的值也越来越高，说明重构出的共享图像质量越来越高。当重构出最高等级的共享图像时，其 *PSNR* 值可以达到正无穷大，说明此时由足量的份额重构出共享图像与原图像完全相同，重构出的图像达到无损恢复效果。根据上述分析可以总结出，本章所提协议满足多等级、渐进式恢复的要求。

表 4-2　测试图像在重构过程中产生的不同等级的图像所对应的 ***PSNR*** 值　(dB)

测试图	L_1 1	L_2 2	L_3 3	L_4 4
鸟	12.2624	17.8449	24.7025	+∞
摄影师	13.4400	17.3969	25.2939	+∞
爱因斯坦	9.9692	16.7798	25.1559	+∞
市政厅	12.3426	16.9544	24.2146	+∞
钟表	11.6871	17.9025	24.7654	+∞
辣椒	11.5410	17.4358	24.3344	+∞

4.4.2　时间开销

根据我们对本章所提算法实现的结果，在份额生成阶段，针对不同尺寸的共享图像，分别计算了它们各自的平均时间开销，其结果如图 4-11 所示。由图 4-11 可以看出，对于尺寸分别为 64×64、128×128、256×256 和 512×512 的共享图像，由份额生成算法，它们产生份额的时间开销分别为 0.0566s、0.3131s、0.5814s 和 0.8261s。

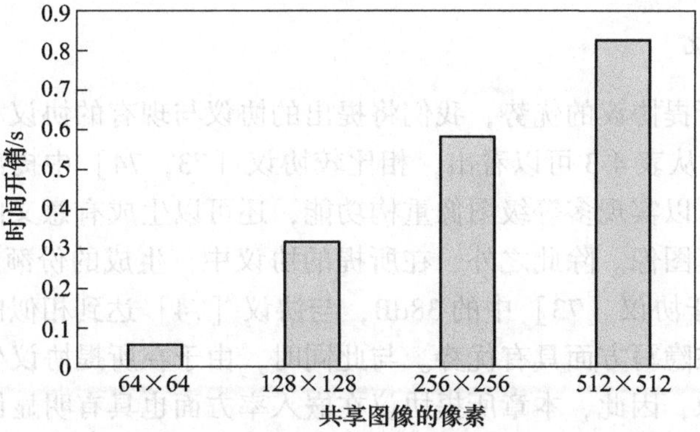

图 4-11　不同尺寸的共享图像在份额生成阶段的平均时间开销

在共享图像的重构阶段，为了提高重构效率，本章设计了一种渐进式图像共享协议。在该协议中，随着传输的进行，重构方可以逐渐获得视觉质量提高的图像，在对粗糙数据不感兴趣的情况下，可以立即终止传输以提高重构效率。因此，我们以尺寸大小分别为 64×64、128×128、256×256 和 512×512 的共享图像为例，对重构出的不同质量的共享图像记录其平均时间开销，其结果如图 4-12 所示。从图 4-12 可以看出，对于每一种尺寸的共享图像，低质量的重构对应着较小的时间开销，随着传输的进行，重构出的图像的质量也越来越高，所对应的时间开销也越来越大。相对比传统图像共享协议中重构方必须要收集到足够的份额才能获得共享图像，否则的话就不能得到有关共享图像的任何信息。在所提的渐进式图像重构协议中，重构方可以先通过较少的份额重构出低质量的共享图像。在重构方对当前共享图像不感兴趣的情况下，可以立即终止传输。这样不仅仅节省了计算资源及通信资源，而且提高了重构效率。

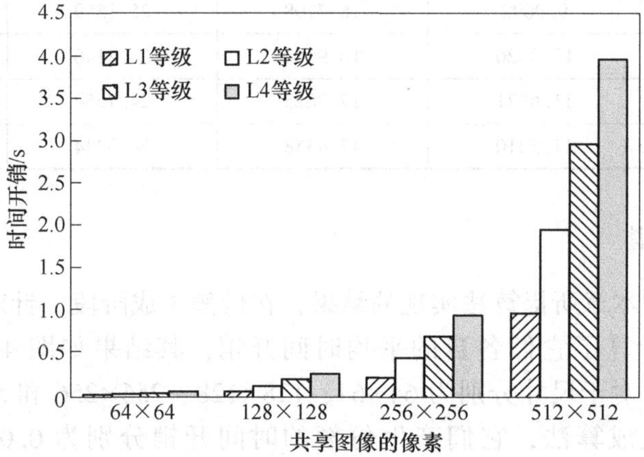

图 4-12　重构出不同等级的共享图像时所需的平均时间开销

4.4.3　性能对比

为了突出所提协议的优势，我们将提出的协议与现有的协议相比较，其结果如表 4-3 所示。从表 4-3 可以看出，相比较协议［73，74］中提出的协议，本章所提协议不仅可以实现多等级图像重构功能，还可以生成有意义的份额，并且达到无损重构共享图像。除此之外，在所提的协议中，生成的份额的 *PSNR* 值可以达到 43dB，高于协议［73］中的 38dB，与协议［74］达到相似的效果，说明本章提出的协议在隐写方面具有优势。与此同时，由于在所提协议生成的份额的尺寸要小于原图像，因此，本章所提协议在嵌入率方面也具有明显优势。

表 4-3　相关协议性能对比

实现功能	协议［73］	协议［74］	本章所提协议
多等级图像重构	No	No	Yes
有意义的份额	Yes	Yes	Yes
无损重构	Yes	Yes	Yes
PSNR	38dB	42dB	43dB
嵌入率	$\left\lfloor \frac{M \times N}{\max\{r_i\}} \right\rfloor \times t_m$	$\frac{(t-1) \times M \times N}{\lfloor \log_\sigma 255 \rfloor}$	$M \times N \times \sum_{k=1}^{r} \frac{1}{t_k}$

4.5 本章小结

本章提出了一种多等级渐进式共享图像分享协议。与传统的 (k, n)SIS 协议相比较，在所提出的 (t, r, n) 协议中，由共享图像生成的份额具有相同的优先级，并且在份额的数量少于 (k, n) 门限要求的时候也可以开始重构共享图像。重构的共享图像的质量可以被分成多个等级，每个等级对应着不同门限。当份额的数量较少时，只能满足较低等级的门限要求，只能重构出较低质量的共享图像。随着份额数量的增多，能够满足门限要求的等级也随之提高，重构的共享图像的质量也随之提高，直到达到无损恢复共享图像。

在现实环境中，本章所提协议可以认为是一个方便且实用的工具，可以为那些想要在网络上享受发布照片服务的用户提供一种保护他们隐私的方法。用户可以通过设置隐私权限来保护自己的隐私。用户发布的图像可以根据不同的访问策略控制下载权限。例如：单个用户只能得到低质量的图片，但是如果他/她推荐更多的用户加入，就可以得到高质量的图片。

5 具有核心参与者的图像共享协议

5.1 问题提出

大多数图像共享协议中，都假定每个参与者在重构过程中扮演相同的角色，做出相同的贡献。然而事实上并非一直如此。例如，在如图 5-1 中的两种场景中，都需要为不同类型的参与者赋予不同的访问权限。

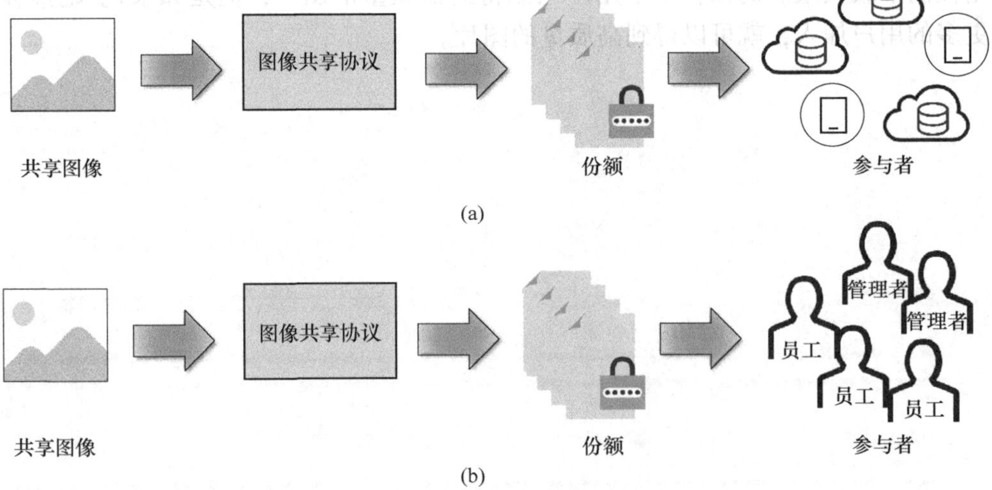

图 5-1　两种具有核心参与者的图像共享协议的应用场景

（a）场景一；（b）场景二

场景一：众所周知，相比较手持设备，云服务器拥有更强大的计算能力和存储能力。当图像在云服务器和手持设备等之间共享时，需要为不同的设备设置不同的优先级。因此，现在急需要提出一种具有核心参与者的图像共享协议，该协议能够解决在不同能力的设备间的图像共享问题。例如，可以将云服务器定义为核心参与者，而手持设备定义为非核心参与者，在共享图像的过程中，云服务器可以接收并存储权重较高的核心阴影图像，而手持设备可以存储一些非核心阴影图像。与此同时，相较于手持设备，云服务器需要在共享图像重构过程中做出较大的贡献。在本章所提协议中，可以通过为不同的设备分配与之能力相匹配的任务，使各个设备都能完成存储和计算任务。

场景二：在共享图像的过程中，为了保护共享图像的安全性和隐私性，通常情况下，可认为人脸是首要保护的目标，但其他元素可能也需要隐藏，如车牌。而共享图像中的背景、环境信息则可根据现实需要，选择适当的公开或者隐藏。在多数情况下，并不是所有的用户都拥有相同的优先级。因此，提出一种适用于不同用户优先级的秘密图像分享协议是非常有必要的。例如，在远程医疗系统中，认为患者、主治医生被赋予高优先级，而助理医生和档案管理员被赋予较低优先级。若将患者的医学图像分为若干个类似噪声的阴影图像，并分配给患者、主治医生、助理医生和档案管理员，其中患者和主治医生持有的阴影是权重最高的，助理医生和档案保管员的阴影图像是权重比较低的。当有一定数量的用户协作以恢复原始图像时，如果其中没有高优先级的用户，他们仅能恢复低质量的图像。如果其中有高优先级的用户参与合作并达到某个门限时，他们可以开始逐渐恢复高质量的图像信息。参与恢复的高优先级的用户越多，恢复越多的图像信息，当所有高优先级的用户都参与恢复时，即可以获得原始图像。

在具有核心参与者的图像共享协议（Essential Secret Image Sharing，ESIS）中，由共享图像生成的一系列的阴影图像具有两种不同的权重。具有较高权重的被称为核心阴影图像（Essential Shadow），其余的被称为非核心阴影图像（Non-essential Shadow），它们分别分发给核心参与者和非核心参与者。ESIS 协议中含有一个（(t, s)，k，n）门限条件，因此也可以简称为（(t, s)，k，n）ESIS 协议。与传统的（k，n）SIS 协议不同的是，ESIS 不仅具有与传统 SIS 协议相同的（k，n）门限条件，还额外地包含一个比（k，n）门限条件更小的（t，s）必要性门限条件。因此，在 ESIS 协议中，共享图像的恢复的条件是既要满足（k，n）门限条件，同时也要满足（t，s）必要性门限条件。2003 年，Li 等人首次提出了具有核心参与者的图像共享（（(t，s）r，n）ESIS）的概念。在（(t, s)，k，n）ESIS 协议中，共享图像被分割并编码成 n 个阴影图像，这 n 个阴影图像包括 s 个核心阴影图像和（$n-s$）个非核心阴影图像，分别分配给 s 个核心参与者和（$n-s$）个非核心参与者。如图 5-2 所示，在共享图像重构的过程中，需要至少联合 k 个参与者，并且这 k 个参与者中包含至少 t 个核心阴影图像。具体门限条件可总结如下：

（1）门限条件（Threshold Condition）：参与重构的参与者的数量大于等于 k；

（2）必要性条件（Essential Condition）：参与重构的核心参与者的数量大于等于 t。

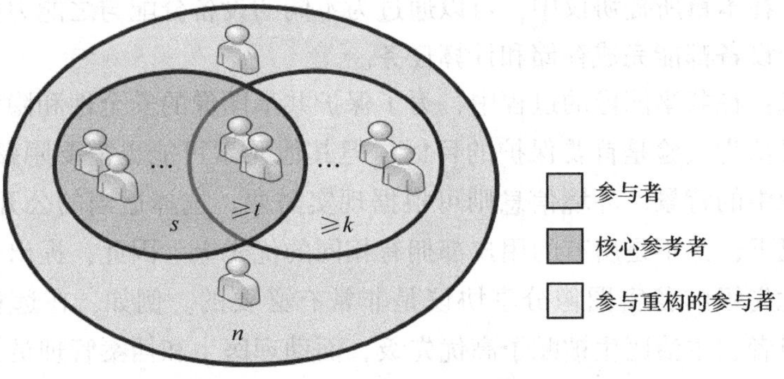

图 5-2 $((t, s), k, n)$ESIS 中不同阴影图像之间的关系

在 $((t, s), k, n)$ESIS 中，通常情况下不考虑 $((t, s), k, n)$ESIS 中 $t=k$ 的情况，因为 $t=k$ 表示非核心阴影图像对共享图像的重构没有贡献。在这种情况下可以将 $((t, s), k, n)$ESIS 格式简化为 (t, s)SIS。同样的，当 $t=k$、$s=n$ 时，$((t, s), k, n)$ESIS 可简化为传统的 (k, n)SIS。由图像共享的定义可知，k 应该是一个大于 1 的正整数。否则，若 $k=1$ 则表示每个阴影图像都可以重构阴影图像，这显然不符合图像共享的初衷。因此，t、s、k、n 之间的关系可表示为 $1 \leqslant t \leqslant s \leqslant n$、$t<k \leqslant n$。

5.2 提出协议

为了能够使图像共享协议更好地应用到上述场景中，本章提出一种具有核心参与者的图像共享协议，其主要创新点可总结如下：

在该协议中，不同的参与者在重构共享图像时，被赋予不同的访问特权。等级较高的核心参与者在重构共享图像时做出较大的贡献，而其他非核心参与者则在重构共享图像的过程中起到辅助作用。通过改进现有的算法，在本章中将提出一种更灵活、更高效的 $((t, s), k, n)$ESIS 协议。利用导数多项式构造满足 $((t, s), k, n)$ 格式要求的必要性条件。通过结合导数多项式，构造必要条件的过程将更加简单，并且不会增加生成阴影的大小。同时，通过避免多次采用 SIS 算法，避免了子阴影图像“串联”的问题，在实际应用中简化了分发和重构过程。

通过改进现有的 ESIS 算法，在本章中将提出一种更灵活、更高效的 $((t, s), k, n)$ESIS 协议，其系统框图如图 5-3 所示。利用导数多项式构造满足 $((t, s), k, n)$ 格式要求的必要性条件。通过结合导数多项式，构造必要条件的过程将更加简单，并且不会增加生成阴影的大小。同时，通过避免多次采用 SIS 算

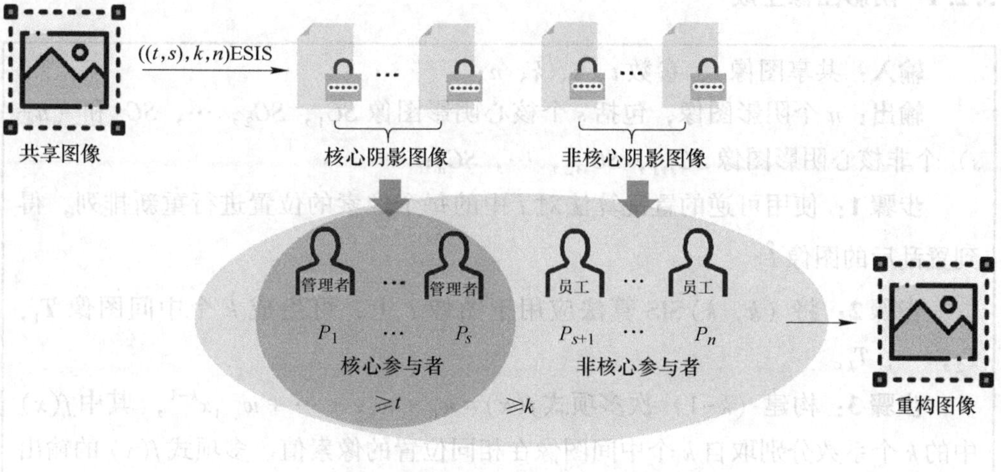

图 5-3 $((t,\ s),\ k,\ n)$ESIS 系统框图

法，避免了子阴影图像“串联”的问题，在实际应用中简化了分发和重构过程。

给定一张共享图像 I 和参数 t，s，k，n，其中 $0<t\leqslant s$，$0<t\leqslant k\leqslant n$，$s\leqslant n$。共享图像 I 将会生成 s 个核心阴影图像 SC_1，SC_2，…，SC_s 和（$n-s$）个非核心阴影图像 SC_{s+1}，SC_{s+2}，…，SC_n，并分别分发给核心参与者和非核心参与者，如图 5-4 所示。具体操作过程如下。

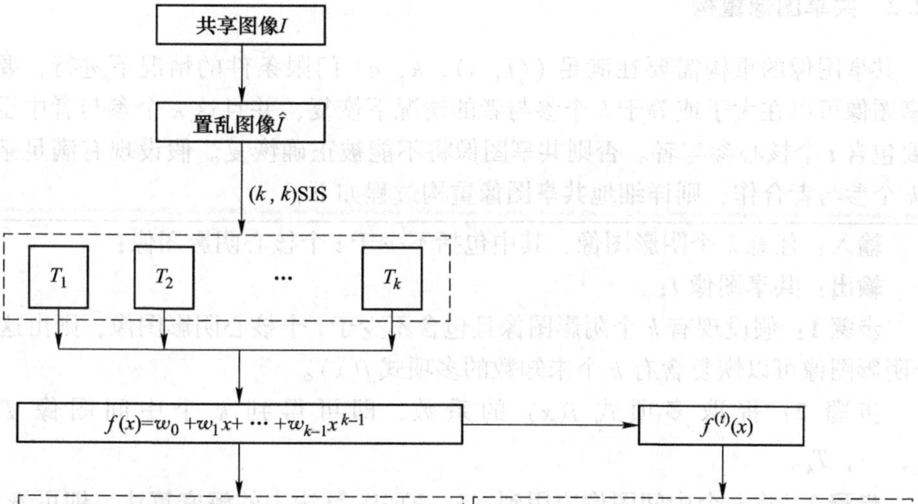

图 5-4 本章协议中阴影图像生成阶段流程图

5.2.1 阴影图像生成

输入：共享图像 I，参数 t、s、k、n；

输出：n 个阴影图像，包括 s 个核心阴影图像 SC_1，SC_2，…，SC_s 和（$n-s$）个非核心阴影图像 SC_{s+1}，SC_{s+2}，…，SC_n；

步骤 1：使用可逆的置乱算法对 I 中的每个像素的位置进行重新排列，得到置乱后的图像 $\hat{I}$。

步骤 2：将（k，k）SIS 算法应用于图像 $\hat{I}$ 上，可生成 k 个中间图像 T_1，T_2，…，T_k。

步骤 3：构建（$k-1$）次多项式 $f(x)=w_0+w_1x+\cdots+w_{k-1}x^{k-1}$，其中 $f(x)$ 中的 k 个系数分别取自 k 个中间图像在相同位置的像素值。多项式 $f(x)$ 的输出结果 $SC_i=f(i)(i=1, 2, \cdots, s)$ 即为生成的核心阴影图像，将会分别分发给 s 个核心参与者。

步骤 4：将步骤 3 中的多项式 $f(x)$ 通过求 t 次导数，可得到一个（$k-t-1$）次多项式 $f^{(t)}(x)$。多项式 $f^{(t)}(x)$ 的输出结果 $SC_i=f^{(t)}(i)(i=s+1, s+2, \cdots, n)$ 即为生成的非核心阴影图像，将会分别分发给（$n-s$）个非核心参与者。

5.2.2 共享图像重构

共享图像的重构需要在满足（(t，s)，k，n）门限条件的情况下进行，要求共享图像可以在大于或等于 k 个参与者的情况下恢复，并且这 k 个参与者中至少需要包含 t 个核心参与者。否则共享图像将不能被正确恢复。假设现有满足条件的 k 个参与者合作，则详细地共享图像重构过程如下：

输入：任意 k 个阴影图像，其中包括不少于 t 个核心阴影图像；

输出：共享图像 I；

步骤 1：假设现有 k 个阴影图像且包含不少于 t 个核心阴影图像，则由这 k 个阴影图像可以恢复含有 k 个未知数的多项式 $f(x)$。

步骤 2：提取多项式 $f(x)$ 的系数，即可得到 k 个中间图像 T_1，T_2，…，T_k。

步骤 3：将 k 个中间图像应用到（k，k）SIS 算法中的解密算法，即可恢复出置乱后的图像 $\hat{I}$。

步骤 4：将置乱算法相应的逆运算应用到 $\hat{I}$，即可重构共享图像 I。

5.3 安全性分析

对于 $((t, s), k, n)$ESIS 协议，其安全性取决于在不满足门限条件的情况下，共享图像不能够被正确的重构出来。在 $((t, s), k, n)$ESIS 协议中，假设 P，Q，EP 和 NEP 分别代表所有参与重建的参与者的集合、参与重建的参与者集合，核心参与者的集合，非核心参与者的集合，其中 $Q \subseteq P$，$P = EP \cup NEP$。假设 $|*|$ 表示集合 * 中元素的数量，因此，在 $((t, s), k, n)$ESIS 中，应满足 $|EP| = s$，$|NEP| = (n-s)$。在重构共享图像时，$((t, s), k, n)$ESIS 协议的门限条件可以被描述如下：

(1) 门限条件：$|Q| \geqslant k$；

(2) 核心条件：$|Q \setminus NEP| \geqslant t$。

命题 5.1 本章所提出的 $((t, s), k, n)$ESIS 协议满足门限条件和核心条件。

证明： 假设有 $l = l_1 + l_2$ 个参与者参与重构共享图像，其中包括 l_1 个核心参与者和 l_2 个非核心参与者。

可以通过反证法证明该定理：当 $|Q|$ 违反门限条件和核心条件中的任何一个条件则不能恢复共享图像。

情形一： 当 $|Q|$ 不满足条件 (1)，而满足条件 (2) 时，共享图像不能被正确地重构。

在这种情况下，说明 $l \geqslant k$，$l_1 < t$，因此，$l_2 > k - t$。在重构过程中，由于存在 l_2 个非核心参与者，因此，可以利用这 l_2 个非核心影子图像构造出不少于 $(k-t)$ 个等式，从而解出多项式 $f^{(t)}(x)$ 的 $(k-t)$ 系数。在多项式 $f(x)$ 中仍存在 t 个未知系数，需要至少 t 个等式才能解出。而利用 l_1 个核心参与者所持有的阴影图像则无法正确重构出多项式 $f(x)$，因此，无法恢复共享图像。

情形二： 当 $|Q|$ 满足条件 (1)，而不满足条件 (2) 时，共享图像不能被正确地重构。

在这种情况下，说明 $l < k$，$l_1 \geqslant t$，因此 $l_2 < k - t$。共享图像的重建必须需要重构多项式 $f(x)$。由于多项式 $f(x)$ 中含有 k 个未知系数，而阴影图像的数量 $l < k$，因此无法重构出唯一的多项式 $f(x)$，从而无法正确地恢复共享图像。

综上所述，本章所提出的 $((t, s), k, n)$ESIS 协议满足门限条件和核心条件。当 $|Q|$ 违反门限条件和核心条件中的任何一个条件时，共享图像不能被正确地恢复，即保护了共享图像的安全。

5.4 实验结果及对比分析

本节中展示的所有的仿真实验结果都是在 8GB RAM、英特尔处理器 Intel(R)Core(TM)i7-8550U CPU @ 1.80GHz 条件下使用 Matlab 2014 软件完成的。实验结果充分展明了所提协议的特征，同时也证明了协议的安全性。

5.4.1 仿真实验

首先，我们灰度图像“Lena”，其尺寸大小为 256×256，在（2，3，4，6）ESIS 下的仿真结果如图 5-5 所示。其中，图 5-5（a）为原始的共享图像，图 5-5（b）为通过置乱函数置乱后的共享图像。共享图像通过（2，3，4，6）ESIS 算法，生成的阴影图像如图 5-5（c）所示。其中，SC_1、SC_2 和 SC_3 为核心参与者所持有的核心阴影图像，SC_4、SC_5 和 SC_6 为非核心参与者所持有的非核心阴影图像。通过不同的阴影图像重构出不同结果如图 5-5（d）所示。其中，图 5-5（d-1）展现了利用 SC_1 和 SC_4 得到的重构图像，图 5-5（d-2）展现了利用 SC_1、SC_4 和 SC_5 得到的重构图像。由于这两种情况都既不能满足门限条件，也不满足核心条件，因此无法恢复共享图像。其结果表明，当参与重构的阴影图像的数量仅满足核心

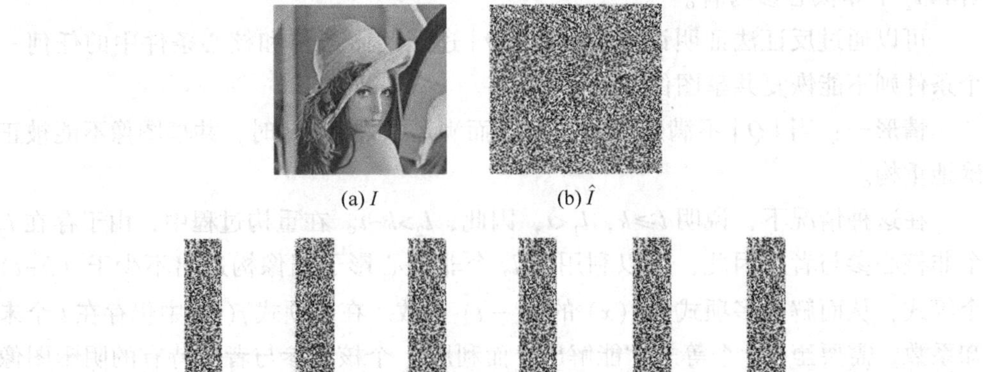

图 5-5 以灰度图像为例，在（2，3，4，6）ESIS 下的协议仿真结果

（a）原始的共享图像；（b）置乱后的共享图像；（c）阴影图像；（d）重构图像

条件，图 5-5（d-3）显示了利用 SC_1、SC_2 和 SC_5 得到的重构图像，但不满足门限条件时，不能重构出正确的共享图像。同理，图 5-5（d-4）显示了利用 SC_1、SC_4、SC_5 和 SC_6 得到的重构图像，同样说明，当参与重构的阴影图像的数量仅满足门限条件，而不满足核心条件时，也不能重构出正确的共享图像。由此，再一次证明了共享图像的安全性。图 5-5（d-5）展现了利用 SC_1、SC_2、SC_4 和 SC_5 得到的重构图像，此时，由于参与重构的阴影图像既满足门限条件，也满足核心条件，因此共享图像可以被正确地重构出来。以上分析可以证明，本章所提协议满足安全性条件。

除此之外，从图 5-5 中还可以看出，共享图像“Lnea”的大小为 256×256，在经过图像分发算法之后，生成的阴影图像的大小为 256×64，仅为原始共享图像的四分之一大小。由于较小尺寸的阴影图像，无论是在后期的传输和存储过程中，还是将阴影图像应用于图像隐写算法，都更能有更加良好的表现。因此可以证明，本章所提协议在阴影图像尺寸方面具有较好的性能。

下面一个例子主要是用来表明本章所提出的协议可以应用在彩色图像的共享上面，在（2，3，4，6）ESIS 条件下，其仿真结果如图 5-6 所示，其中图 5-6（a）为共享图像，图 5-6（b-1）~（b-3）为核心阴影图像，图5-6（b-4）~（b-6）为非核心阴影图像。从图 5-6（b）中可以看出，无论是核心阴影图像

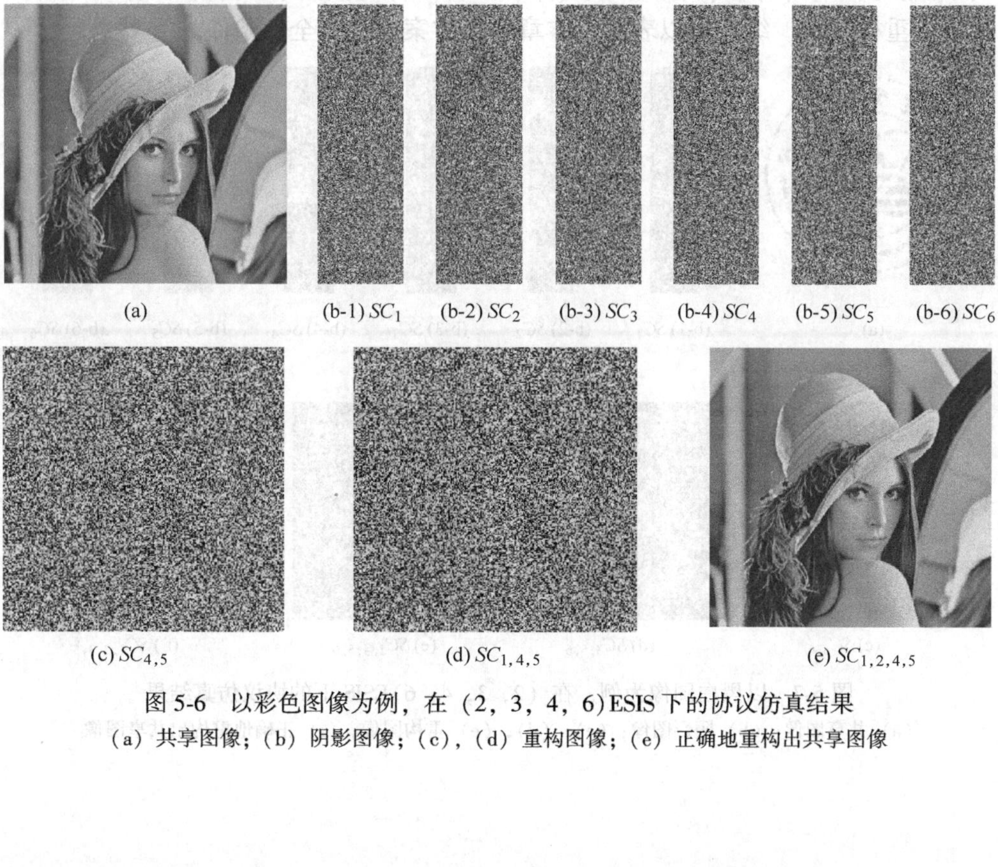

(a) (b-1) SC_1 (b-2) SC_2 (b-3) SC_3 (b-4) SC_4 (b-5) SC_5 (b-6) SC_6

(c) $SC_{4,5}$ (d) $SC_{1,4,5}$ (e) $SC_{1,2,4,5}$

图 5-6 以彩色图像为例，在（2，3，4，6）ESIS 下的协议仿真结果

（a）共享图像；（b）阴影图像；（c），（d）重构图像；（e）正确地重构出共享图像

SC_1、SC_2、SC_3，还是非核心阴影图像 SC_4、SC_5、SC_6，都具有相同的尺寸。在核心参与者和非核心参与者接收到无尺寸差别的阴影图像的情况下，可以混淆攻击者的视听，避免攻击者根据阴影图像尺寸的差异，判断出对应接收的参与者身份，进而暴露参与者的权限。因此可以证明，本章所提协议可以通过生成同等大小的阴影图像的方法，能够更好地保护参与者身份的隐私性。此外，为了证明本章所提方案的安全性，我们分别利用不同的阴影图像进行重构，从而得到了不同的结果。当仅使用两个非核心阴影图像 SC_4 和 SC_5 进行图像重构时，由于此时并没有核心阴影图像的参与，不能达到协议所设定的门限条件，因此只能得到如图 5-6（c）所示的结果。当有一个核心阴影图像 SC_1 和两个非核心阴影图像 SC_4、SC_5 进行图像重构时，其重构结果如图 5-6（d）所示。此时依然没有达到门限条件中核心阴影图像的数量应不少于 2 的条件，因此不能重构出正确的图像。而当有两个核心阴影图像 SC_1、SC_2 和两个非核心阴影图像 SC_4、SC_5 一起参与重构过程时，由于此时既满足了核心阴影图像的数量大于等于 2 的要求，也满足所有阴影图像的数量大于 4 的要求，因此可以正确地重构出如图5-6（e）所示共享图像。

与此同时，还对黑白图像进行了仿真测试，当测试图像如图 5-7（a）时，在经过（2，3，4，6）ESIS 协议中图像分发阶段后，生成的阴影图像如图 5-7（b）所示。从图 5-7（c）、（d）、（e）、（f）可以看出，利用不同的阴影图像可以得到不同的重构结果。综上可以表明，本章所提方案满足安全性条件。

(a)　(b-1) SC_1　(b-2) SC_2　(b-3) SC_3　(b-4) SC_4　(b-5) SC_5　(b-6) SC_6

(c) $SC_{5,6}$　(d) $SC_{3,5,6}$　(e) $SC_{1,4,5,6}$　(f) $SC_{1,2,3,5}$

图 5-7　以黑白图像为例，在（2，3，4，6）ESIS 下的协议仿真结果

（a）共享图像；（b）阴影图像；（c），（d），（e）重构图像；（f）正确地重构出共享图像

为了突出该协议的安全性，我们分别对共享图像、核心阴影图像和非核心阴影进行了统计分析。图 5-8（a）为测试共享图像 Lena 的灰度直方图，图 5-8（b）和（c）分别为核心阴影图像和非核心阴影图像的直方图。可以清楚地看到，共享图像的直方图不满足均匀分布，但是生成的阴影满足均匀分布。因此，降低了攻击阴影图像时信息泄露的概率。

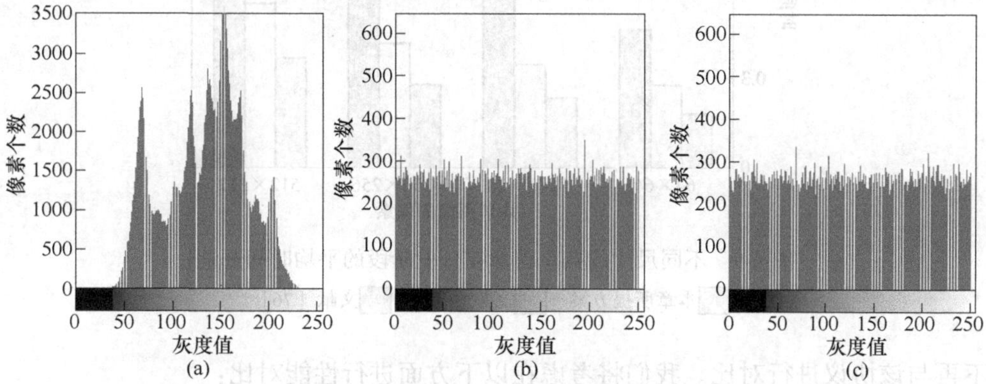

图 5-8 共享图像、阴影图像灰度直方图

（a）共享图像“Lena”的灰度直方图；（b）核心阴影图像的灰度直方图；（c）非核心阴影图像的灰度直方图

5.4.2 时间开销

根据对本章所提算法实现的结果，在份额生成阶段，针对不同尺寸的共享图像，我们分别计算了它们在（2，3，4，6）ESIS 下各自的平均时间开销。对于尺寸分别为 64×64、128×128、256×256 和 512×512 的共享图像，由份额生成算法，它们产生份额所对应的时间开销分别为 0.1842s、0.2299s、0.278s 和 0.3672s。

在共享图像的重构阶段，为了体现出所提协议是高效的特性，我们以尺寸大小分别为 64×64、128×128、256×256 和 512×512 的共享图像为例，对共享图像在其分发阶段记录其平均时间开销，其结果如图 5-8 所示。从图 5-9 中可以看出，对于每一种尺寸的共享图像，本章所提出的协议在时间开销方面都优越于文献[75，76]。由此可以证明，本章所提协议具有较小的计算开销，能够有效地解决计算资源，可以应用在由高效计算需求的场景中。

5.4.3 性能对比

为了突出本章所提协议的优势，现与其他现有的 $((t, s), k, n)$ESIS 协议进行对比。由于文献中提出的 (t, k, n)ESIS 协议是当 $t=s$ 条件下的一种特殊情况，其在应用范围方面不如 $((t, s), k, n)$ESIS 广泛，因此，本章所提方案将

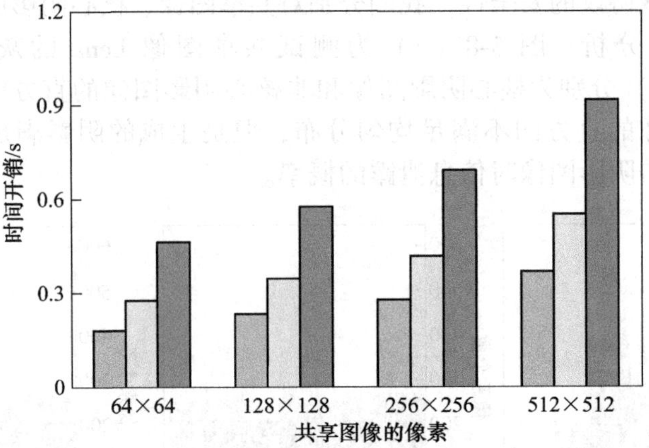

图 5-9　不同尺寸的共享图像在分发阶段的平均时间开销

不再与该协议进行对比。我们将考虑在以下方面进行性能对比：

（1）比较的是生成的阴影图像的大小是否相同，其结果如表 5-1 所示。值得注意的是，具有相同尺寸的阴影图像更具有优势，这对于保证阴影图像在分发给两个不同的权限的参与者时具有不可区分性十分重要。如果核心阴影图像和非核心阴影图像的尺寸不一致，则可能导致攻击者可以根据拦截到的阴影图像的尺寸判断出与之相对应的参与者的级别。例如，在协议［80，81］中，由共享图像生成的阴影图像的大小并不相同，核心阴影图像的尺寸要大于非核心阴影图像。在这种情况下，若阴影图像在分发过程中不幸遭到攻击者的拦截，则攻击者可以就尺寸方面就可以轻而易举地判断出该图像是否为核心阴影图像，而且还可以进一步推断出接收这一阴影图像的参与者是否为核心参与者。

表 5-1　相关协议在性能方面的对比

项　目	协议［77］	协议［78］	协议［79］	协议［80］	协议［81］	本章协议
阴影图像尺寸相同	√	√	√	×	×	√
不存在子阴影图像连接操作	×	√	×	×	×	√
核心阴影图像尺寸比例	$\frac{1}{t}$	$\frac{1}{t}$	$\frac{ry}{(k-t)(x+y)}$			$\frac{1}{k}$
非核心阴影图像尺寸比例	$\frac{1}{t}$	$\frac{1}{t}$	$\frac{ry}{(k-t)(x+y)}$			$\frac{1}{k}$

（2）对生成的阴影图像的大小进行比较。由于图像的尺寸越小，越有利于图像的传输和存储，若由共享图像生成的阴影图像的尺寸越小，则说明该协议在尺寸方面具有优势。与相关协议对比的结果如表 5-1 所示。从表 5-1 可以看出，由 $t \leqslant k$ 可得 $1/t \geqslant 1/k$，因此，本章提出的协议在阴影图像大小上的性能上优于协

议［77］和［78］。从图 5-10 还可以看出，在所提协议的阴影图像的大小要小于协议［79］。基于以上分析，本章所提协议在阴影大小上有更好的性能。

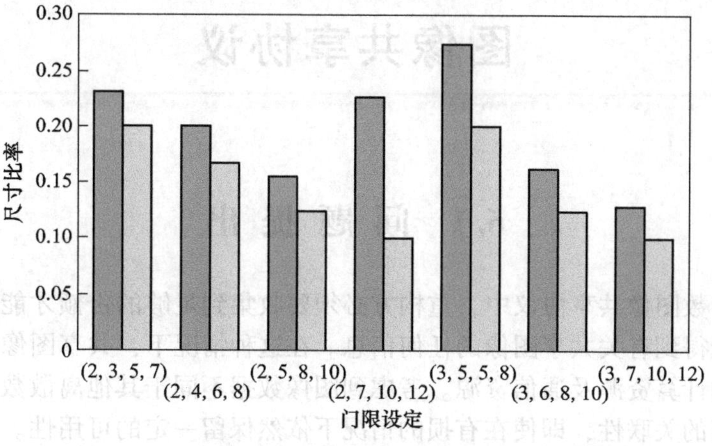

图 5-10 不同的门限条件下生成的阴影图像的尺寸比率大小的比较

（3）对协议中是否存在子阴影连接的操作进行了比较。通常认为，如果协议中采用某种方式将子阴影图像进行了拼接操作，则在重建过程中必须要记录每个子阴影的位置，才能准确地提取出每个子阴影图像。这将使实际的重构过程更加的复杂化。因此，我们认为，没有子阴影连接操作的协议更具有优势。表 5-1 给出了本章协议与其他相关协议的对比，其结果显示，只有本章所提出的协议和协议［78］没有子阴影图像连接的操作过程，而协议［77，79，80］和［81］均存在子阴影图像连接操作。基于以上分析，可以认为本章所提协议避免了子阴影图像的连接操作，减少了重构过程中参与者的负担，更具有高效性和灵活性。

5.5 本章小结

提出了一种利用导数多项式实现图像共享协议。与现有的（(t，s)，k，n）ESIS 协议相比，结合导数多项式使得构造核心条件的过程将更加简单，不会增大阴影图像的尺寸。该方法不仅克服了以往工作中阴影图像大小不同、子阴影图像拼接复杂等缺点，而且在生成相同且较小的核心阴影图像和非核心阴影图像方面具有优势。未来的工作可以朝着适当的改进所提出的协议、降低系统的复杂性方向继续探索。此外，本章所提出的方法还可以应用于其他领域，如可验证的图像共享协议、可伸缩的图像共享协议等，以追求更好的性能。

6 具有核心参与者的渐进式图像共享协议

6.1 问题提出

在大多数图像共享协议中，重构方必须要收集到足够的份额才能完成，否则的话就不能得到有关共享图像的任何信息。在这种情况下，共享图像的重构需要消耗较多的计算资源及通信资源。考虑到图像数据不同于其他离散数据，图像数据具有较高的关联性，即使在有损的情况下依然保留一定的可用性。在这种情况下，为了提高重构效率，可以设计一种渐进式图像共享协议。在该协议中，随着传输的进行，重构方可以逐渐获得视觉质量提高的图像，在对粗糙数据不感兴趣的情况下，可以立即终止传输以提高重构效率。

渐进式图像共享协议的特征在于共享图像重构过程中所展现出的渐进性，即：参与重构的阴影图像的数量越多，重构出的图像的质量越好。这使得渐进式图像共享协议具有广泛的应用。多媒体的快速发展使得新媒体成为企业进行品牌传播不可或缺的新渠道之一。为了使新媒体更加丰富多样、生动有趣，人们更倾向于发布图片或符号来替代简单的文字阐述，例如文本插图、表情符号等，这也使得高质量的图像逐年被市场认可。因此，高质量的图像可以说是近年来逐渐被市场认可的一种产品。图像交易平台已成为一种颇具影响力的商业模式，如：Shutterstock、Adobe Stock 和 iStock[82~84]。在这些图像交易平台中，存在两个实体：图像发布者和消费者。图像发布者即原始图像的拥有者，主要负责向消费者提供已授权的图像。消费者可以通过向图像发布者支付一定的费用获得图像的使用权。在图像交易系统中，单张图片的价格一般在$1 到$15 之间浮动[85, 86]。图像交易平台不仅使得客户可以找到自己满意的图像，同时平台也可以通过售卖图像从中获利。但是在这个过程中，客户和平台的利益应该是平衡的。

事实上，想要在图像发布者的利益和客户需求之间取得平衡是一件困难的事情。例如，客户应该先为图像付费还是平台应该首先交付图像？如果选择客户应该先为图像付费，就会有相当一部分用户因为不愿意先付款而放弃该图像，从而导致图像发布者可能会失去众多潜在的客户，盈利受损。但是，如果选择平台应该先为客户交付图像，则平台将会面临着版权被侵犯的危险（例如：客户对平台交付的图像进行屏幕截图或复制图像而无需付费）。

在本章中提出了一个对交易平台和客户双赢的支付模式，如图 6-1 所示。在这种模式中，允许客户先浏览低质量的图像，以告知他们购买的内容。若客户对某张图像感兴趣，则可以通过付费得到高质量的图像。同时，平台还可以为不同质量的图像采用分级定价的规则。不同质量的图像对应着不同的价格。客户可以根据自己的需求选择购买不同质量的图像。为此，我们设计了一个具有核心参与者的渐进式图像共享协议，实现上述支付模式的功能。

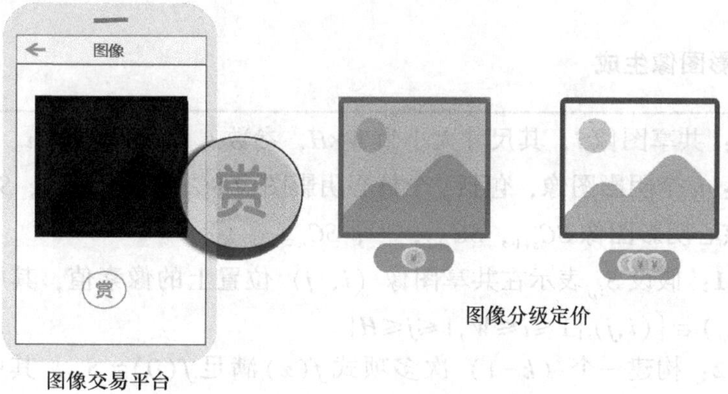

图 6-1 本章提出的图像交易平台示例图

6.2 提出协议

提出了一个具有核心参与者的渐进式图像共享协议，以实现 6.1 节中描述的双赢交易模式。具体描述如下：

具有核心参与者的渐进式图像共享协议，又可称为$((t_1,t_2),s,k,n)$ EPSIS 协议。在双赢交易模式中的两个实体，图像交易平台和客户，分别在$((t_1,t_2),s,k,n)$ EPSIS 协议中对应秘密分发者和份额持有者，而交易平台拥有的图像数据，被视为需要保护的原始图像数据，即共享图像。同时，可以分别将付款用户和普通用户定义为核心参与者和非核心参与者。核心参与者拥有更高的权重。此外，我们把图像分级定价功能交由图像渐进式恢复实现。

在$((t_1,t_2),s,k,n)$ EPSIS 协议中，给定一张共享图像 I 和参数 t_1、t_2、s、k、n，其中 $1 \leq t < t_2 \leq k$，$s \leq n$。秘密分发者需要将图像 I 分割成 n 个阴影图像，这些阴影图像包括 s 个核心阴影图像和 $(n-s)$ 个非核心阴影图像。共享图像的重构过程是一个图像质量渐进式提高的过程。当收集到至少 k 个阴影图像时，则可以试图重构共享图像。若收集到的阴影图像中包含 t_1 个核心阴影图像则可以重构出一个较为模糊的共享图像，此时重构出的共享图像的等级最低，质量最差。随着核心阴影图像数量的不断增加，重构出的图像的清晰度逐渐升高。直到核心阴影

图像的数量达到 t_2 时，此时重构出的图像的质量达到最高。因此，通过图像渐进式恢复的方法，客户可以从图像交易平台获得不同的阴影图像，从而重构出不同质量的图像。客户支付的费用越高，获得的核心阴影图像的数量越多，从而重构的图像的质量越高。

给定一张共享图像 I，其尺寸大小为 $W\times H$。在 $((t_1,t_2),s,k,n)$ EPSIS 协议中，图像分割过程的流程图及伪代码分别如图 6-2 和式（6-1）所示，具体操作步骤如下。

6.2.1 阴影图像生成

输入：共享图像 I，其尺寸大小为 $W\times H$，参数 t_1、t_2、s、k、n。

输出：n 个阴影图像，包括 s 个核心阴影图像 SC_1 和 SC_2，…，SC_s 和（$n-s$）个非核心阴影图像 SC_{s+1}，SC_{s+2}，…，SC_n。

步骤 1：假设 $S_{i,j}$ 表示在共享图像（i, j）位置上的像素值，其中 i 和 j 满足条件 $(i,j)\in\{(i,j)\mid 1\leqslant i\leqslant W,1\leqslant j\leqslant H\}$。

步骤 2：构建一个（$k-1$）次多项式 $f(x)$ 满足 $f(0)=S_{i,j}$，其中 a_1，a_2，…，a_{k-1} 为有限域 p 内的随机数。

$$f(x)=S_{i,j}+a_1x+a_2x^2+\cdots+a_{k-1}x^{k-1}\bmod p \tag{6-1}$$

步骤 3：核心阴影图像在（i, j）位置上的像素值是由多项式 $f(x)$ 计算所得到的，即 $SC_1=f(1)$，$SC_2=f(2)$，…，$SC_s=f(s)$。

步骤 4：为了生存非核心阴影图像以及达到渐进式恢复的目的，需要对步骤 2 中的多项式 $f(x)$ 进行函数求导操作。为 $S_{i,j}$ 在［t_1, t_2］范围内选择一个随机数 t，并对多项式 $f(x)$ 进行 t 阶求导操作，得到多项式 $g(x)$。

$$\begin{aligned}g(x)&=f^{(t)}(x)\\&=c_1+c_2x+\cdots+c_{k-t-1}x^{k-t-1}\bmod p\end{aligned}$$

其中，多项式 $g(x)$ 中的系数满足如下等式关系：

$$\left.\begin{aligned}c_1&=a_t\times\frac{a_t!}{(a_t-t)!}\\c_2&=a_{t+1}\times\frac{a_{t+1}!}{(a_{t+1}-t)!}\\&\vdots\\c_{k-t-1}&=a_{t-1}\times\frac{a_{t-1}!}{(a_{t-1}-t)!}\end{aligned}\right\} \tag{6-2}$$

步骤5：非核心阴影图像的在（i, j）位置上像素值是由多项式 $g(x)$ 计算得到的，即：$SC_{s+1}=f^{(t)}(s+1)$，$SC_{s+2}=f^{(t)}(s+2)\cdots$，$SC_n=f^{(t)}(n)$。

步骤6：重复步骤1～步骤5直到共享图像中所有的像素都已经被处理过，即完成秘密分割过程。

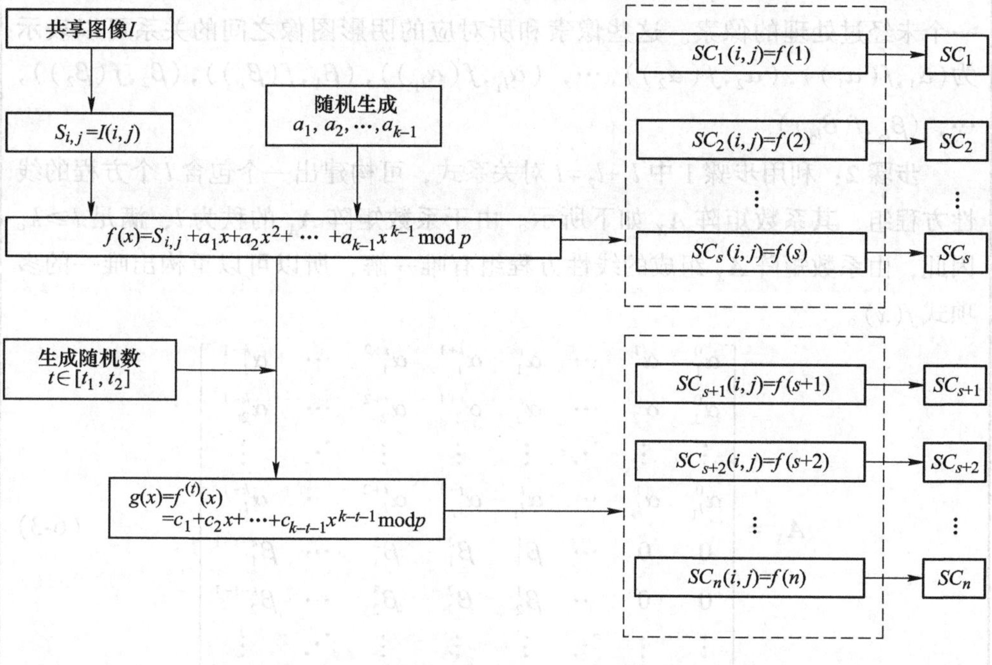

图6-2 本章所提协议在阴影图像生成阶段的流程图

6.2.2 共享图像重构

共享图像的重构需要满足两个条件：（1）收集到的阴影图像的数量不少于 k；（2）收集到的核心阴影图像的数量不少于 t_1。当以上任何一个条件不能被满足时，则不能重构出有关共享图像的任何有用信息。当收集到的阴影图像的数量满足上述条件时，虽然可以重构出共享图像，但重构出的质量却不相同，而是呈现出随着参与重构的份额的增多而逐渐提高重构质量的过程，即渐进式恢复共享图像。当收集到的 k 个阴影图像中包含 t_1 个核心阴影图像时，重构出的共享图像是低质量的，不清晰的。若要提高重构图像的质量，则需要有更多核心阴影图像的参与。随着核心阴影图像数量的增多，重构的共享图像的质量越高。直到有 t_2 个核心阴影图像的参与时，才能以最高质量恢复共享图像。

假设现有 l 个阴影图像（$l \geqslant k$），其中包括 $l_1(l_1 \geqslant s)$ 个核心阴影图像和 l_2 个

非核心阴影图像。假设 l_1 个核心阴影图像分别为 SC_{α_1}，SC_{α_2}，…，$SC_{\alpha_{l_1}}$，l_2 个非核心阴影图像分别为 SC_{β_1}，SC_{β_2}，…，$SC_{\beta_{l_2}}$。共享图像重构的具体步骤如下：

输入：l_1 个核心阴影图像和 l_2 非核心阴影图像；

输出：重构的共享图像；

步骤 1：分别从 l_1 个核心阴影图像和 l_2 非核心阴影图像中的同一位置提取一个未经过处理的像素。这些像素和所对应的阴影图像之间的关系可以表示为 $(\alpha_1, f(\alpha_1))$，$(\alpha_2, f(\alpha_2))$，…，$(\alpha_{l_1}, f(\alpha_{l_1}))$，$(\beta_1, f(\beta_1))$，$(\beta_2, f(\beta_2))$，…，$(\beta_{l_2}, f(\beta_{l_2}))$。

步骤 2：利用步骤 1 中 $l_1+l_2=l$ 对关系式，可构建出一个包含 l 个方程的线性方程组，其系数矩阵 $\boldsymbol{A}_X$ 如下所示。由于系数矩阵 $\boldsymbol{A}_X$ 的秩为 l，满足 $l \geqslant k$。因此，由系数矩阵 $\boldsymbol{A}_X$ 组成的线性方程组有唯一解，所以可以重构出唯一的多项式 $f(x)$。

$$\boldsymbol{A}_X = \begin{bmatrix} \alpha_1^0 & \alpha_1^1 & \cdots & \alpha_1^t & \alpha_1^{t+1} & \alpha_1^{t+2} & \cdots & \alpha_1^{k-1} \\ \alpha_2^0 & \alpha_2^1 & \cdots & \alpha_2^t & \alpha_2^{t+1} & \alpha_2^{t+2} & \cdots & \alpha_2^{k-1} \\ \vdots & \vdots & \ddots & \vdots & \vdots & \vdots & \ddots & \vdots \\ \alpha_{l_1}^0 & \alpha_{l_1}^1 & \cdots & \alpha_{l_1}^t & \alpha_{l_1}^{t+1} & \alpha_{l_1}^{t+2} & \cdots & \alpha_{l_1}^{k-1} \\ 0 & 0 & \cdots & \beta_1^1 & \beta_1^2 & \beta_1^3 & \cdots & \beta_1^{k-t-1} \\ 0 & 0 & \cdots & \beta_2^1 & \beta_2^2 & \beta_2^3 & \cdots & \beta_2^{k-t-1} \\ \vdots & \vdots & \ddots & \vdots & \vdots & \vdots & \ddots & \vdots \\ 0 & 0 & \cdots & \beta_{l_2}^1 & \beta_{l_2}^2 & \beta_{l_2}^3 & \cdots & \beta_{l_2}^{k-t-1} \end{bmatrix} \tag{6-3}$$

步骤 3：计算 $f(0)=S_{i,j}$ 即可得到位于位置（i，j）上的共享图像的像素值。

步骤 4：重复步骤 1～步骤 3 直到阴影图像中所有的像素都被处理过，即可完成共享图像的重构。

6.3　安全性分析

在本章中所提出的协议是一个既含有核心参与者又满足渐进式恢复的共享图像分享协议。构成这两个性质的主要原因可以由以下两个理论解释。

命题 6.1　本章所提出的协议是一个具有核心参与者的图像共享协议。

证明：在本章所提出的协议中，核心阴影图像的权重高于非核心阴影图像的主要原因在于在秘密分割算法中存在一个函数求导的操作。

由于核心阴影图像是通过计算多项式 $f(x)$ 得到的，其计算结果与 $f(x)$ 中的

所有的 k 个系数有关（包括秘密 $S_{i,j}$）。因此，核心阴影图像与共享图像有着直接的关系。相比之下，虽然非核心阴影图像是通过计算多项式 $g(x)$ 得到的，但由于 $g(x)$ 是由 $f(x)$ 经过 t 次（$1 \leqslant t < k$）求导得来的，这就造成 $g(x)$ 中的系数仅与 $f(x)$ 中的后面 $k-t$ 项系数有关，而与前 t 项系数无关。而秘密 $S_{i,j}$ 为 $f(x)$ 中的常数项系数，无论随机数 t 在范围［t_1，t_2］内选择了哪个随机数，秘密 $S_{i,j}$ 在求导的过程中都会被消去。因此，非核心阴影图像与共享图像无直接关系。但由于 $g(x)$ 是与 $f(x)$ 相关的，虽然 $g(x)$ 不能直接重构 $f(x)$，但能够帮助恢复 $f(x)$ 中的后 $k-t$ 项系数。因此非核心阴影图像虽然与共享图像没有直接关系，但存在间接关系。非核心阴影图像可以帮助核心阴影图像重构共享图像。

综上所述，本章所提出的协议是一个具有核心参与者的图像共享协议。

命题 6.2 本章所提出的协议是一个渐进式图像共享协议。

证明：所提出的协议中，共享图像之所以能够表现出渐进式恢复，关键在于秘密分割过程中随机数 t 的设置。

对于共享图像中的每个位置的像素，均对应着互不相同的 t 值。而随机数 t 的设置，使得每个秘密像素 $S_{i,j}$ 的恢复满足一定的概率条件。更详细地说，由于多项式 $g(x)$ 是由 $f(x)$ 进行 t 次求导而来的，因此，$g(x)$ 比 $f(x)$ 相差 t 个系数的信息，从而导致非核心阴影图像试图恢复秘密像素 $S_{i,j}$ 时，需要至少 t 个核心阴影图像的参与。秘密像素 $S_{i,j}$ 的恢复条件是与随机数 t 有关的，且动态变化着。又由于 $t \in [t_1, t_2]$，当 $t=t_1$ 时，$g(x)$ 比 $f(x)$ 之间相差 t_1 个系数的信息，当收集到的 k 个阴影图像中仅包括 t_1 个核心阴影图像时，就可以恢复出随机数选择为 $t=t_1$ 位置的秘密像素，而在共享图像中的其他位置的像素，由于它们所对应的随机数 t 均大于 t_1，因此不能得到正确的恢复。同理，随着核心阴影图像的增多，其数量满足大于或等于 t 的概率也逐渐增加，因此对应的能够恢复的秘密像素的数量也逐步增加。直到核心阴影图像的数量达到 t_2 时，共享图像中每个像素都能 100% 的概率恢复，从而重构图像的质量达到最高水平。

综上所述，本章所提协议是一个渐进式的共享图像分享协议。

6.4 仿真实验

给出了对本章所提协议的仿真结果和相关分析，所有实验均是在 8GB 内存、Intel(R) Core(TM) i7-8550U 处理器、@1.80GHz CPU 上使用 MATLAB 2014 完成的。

首先给出以((1,4),4,4,8)EPSIS 为例的实验仿真结果，如图 6-3 所示。共享图像“Clock”为一张 256×256 大小的灰度图像。共享图像通过((1,4),4,4,8)EPSIS 中的秘密分割算法后，所得到的包括 4 个核心阴影图像和 4 个非核心阴影图像的 8 个阴影图像，分别如图 6-3（b）和（c）所示。可以看出，生成的阴影图像都形似噪声图像，因此，单从阴影图像中无法得到有关共享图像的任何信息。共享图像的渐进式恢复如图 6-3(d) 所示。其中，图 6-3(d-1) 是通过 1 个核心阴影图像 SC_1 和 3 个非核心阴影图像重构出的共享图像。由于参与重构的核心阴影图像的数量较少，因此此时重构的共享图像比较模糊，质量较低。同样的，图 6-3(d-2) 是通过 2 个核心阴影图像重构出的共享图像。图 6-3(d-3) 表示的是通过 3 个核心阴影图像和 1 个非核心阴影图像构成的。图 6-3(d-4) 表示的是通过 4 个核心阴影图像重构而成的共享图像。由于参与重构的核心阴影数量的不断增多，重构出的共享图像的质量也不断提升，直到以最高质量完成重构。

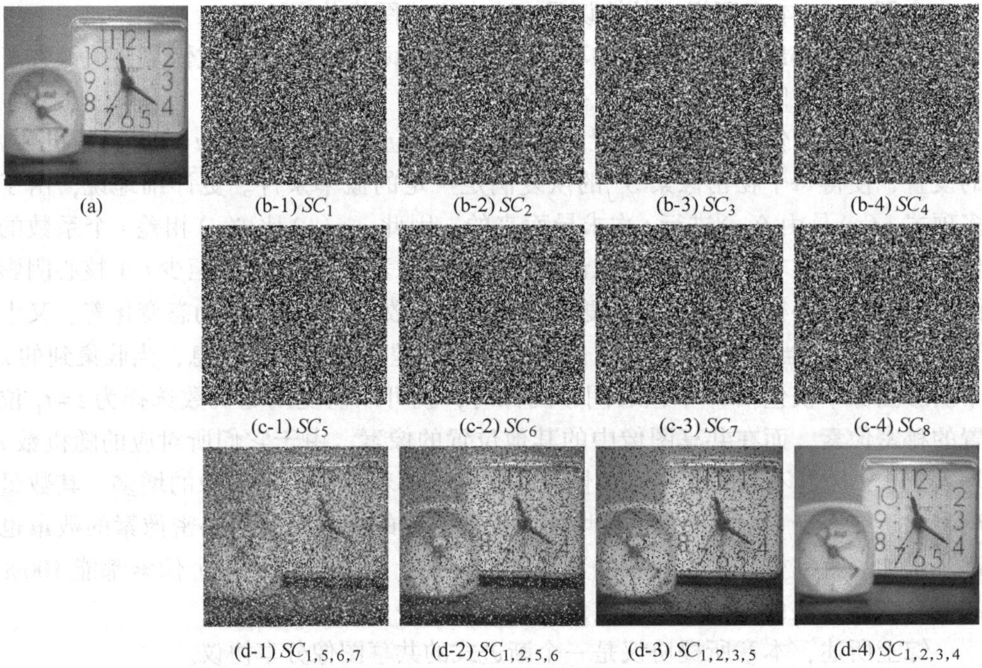

图 6-3　以灰度图像为测试图像，以((1,4),4,4,8)EPSIS 为例的协议仿真实验结果

（a）共享图像；（b）核心阴影图像；（c）非核心阴影图像；（d）重构共享图像

然后，还通过其他测试图像在其他门限的条件下完成仿真实验。例如，我们给出了以((1,5),5,5,10)EPSIS 为例的实验仿真，其结果如图 6-4 所示。共享图像“Peppers”为一张 256×256 大小的灰度图像。共享图像通过图像分割算法生成了 5 个核心阴影图像和 5 个非核心阴影图像，分别如图 6-4（b）和（c）所示。由于在((1,5),5,5,10)EPSIS 中，$t_1=1$，$t_2=5$，因此，共享图像可以以 5 种不同的质量完成渐进式的重构。具体效果如图 6-4（d）所示，其中参与重构的

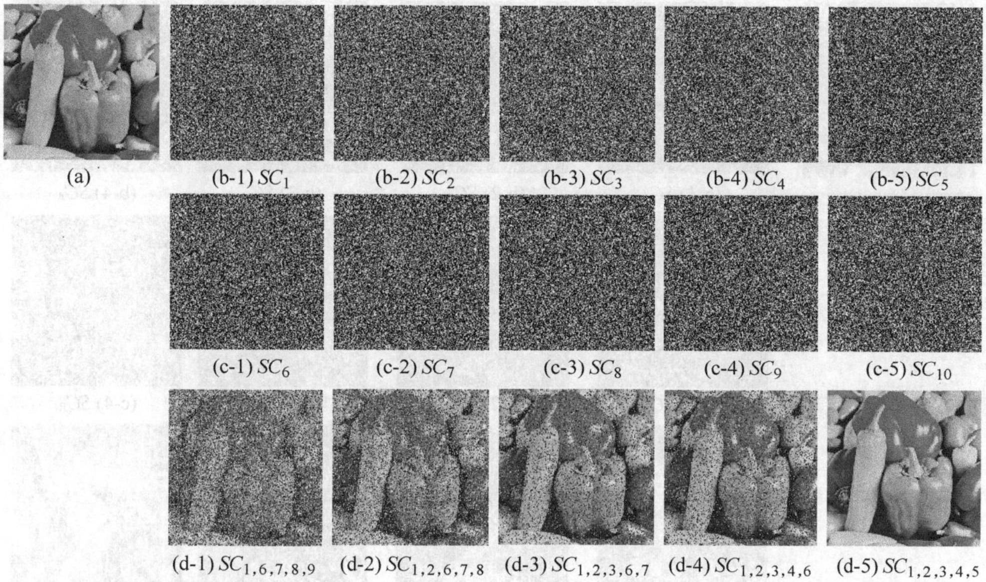

图 6-4 以灰度图像为测试图像，以((1,5),5,5,10)EPSIS 为例的协议仿真实验结果
(a) 共享图像；(b) 核心阴影图像；(c) 非核心阴影图像；(d) 重构共享图像

核心阴影图像的数量分别为 1 个、2 个、3 个、4 个和 5 个。

除此之外，我们还将本章所提出的协议应用在了彩色图像上。如图 6-5 所示，共享图像“Lena”为一张 256×256 大小的彩色图像，通过((1,4),4,4,8) EPSIS 中的秘密分割算法后，可以分别得到 4 个核心阴影图像（图 6-5（b））和 4 个非核心阴影图像（图 6-5（c））。可以通过收集 4 个阴影图像完成共享图像的重构，重构的效果由参与重构的核心阴影图像的数量而定。如图 6-5（d）所示，共享图像的重构过程依然是一个渐进的过程。图 6-5（d-1）为当仅有一个核心阴影图像参与重构时的效果，由此可见，重构的共享图像的质量是比较低的，仅仅只能恢复共享图像的轮廓。但随着越来越多的核心阴影图像参与重构，则恢复的共享图像的质量也越来越高，直到参与重构的共享图像的数量达到 $t_2=4$ 时，共享图像可以以最高质量重构。

除了全局渐进式恢复外，仿真实验表明，本章所提出的协议也能适用于局部区域渐进式恢复。图 6-6 展示了在((1,4),4,4,8)EPSIS 条件下，图像局部渐进式恢复的仿真实验结果。图 6-6（a）为共享图像“Couple”，为了提高加密效率，可以选择将共享图像中的两个人物作为关键敏感信息加以保护。图 6-6(a-2) 和（a-3）分别是以敏感信息作为共享图像经过((1,4),4,4,8)EPSIS 所生成的核心阴影图像和非核心阴影图像。而图 6-6（b）则表示由不同数量的阴影图像重构出不同质量的共享图像。另外，我们也在彩色图像上验证了局域渐进性恢复的

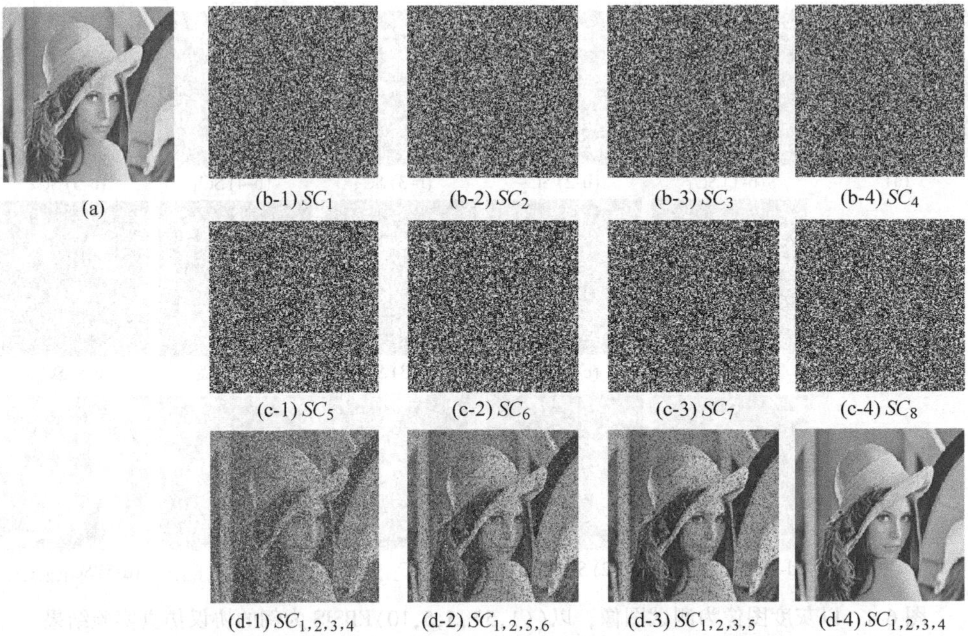

图 6-5 以彩色图像为测试图像，以((1,4),4,4,8)EPSIS 为例的协议仿真实验结果

（a）共享图像；（b）核心阴影图像；（c）非核心阴影图像；（d）重构共享图像

特征。由此可以看出，本章所提出的协议在局域渐进性恢复上也能表现出较好的效果。

图 6-6 以((1,4),4,4,8)为例的局部渐进式恢复仿真实验结果

（a-1）共享图像；（a-2）核心阴影图像；（a-3）非核心阴影图像；（b-1）~（b-4）重构共享图像

6.5 性能分析

6.5.1 直方图分析

灰度直方图是以直方图的形式反映图像中各灰度级像素出现的频次及分布特性。直方图的 x 轴和 y 轴分别表示灰度级和在图像中具有相应灰度级的像素个数。对于彩色图像，可以对图像中的三个分量 R、G、B 分别进行测试，也可以先将彩色图像转换成灰度图像，再进行测试。

为了进一步验证本章所提协议具有安全性，使用灰度直方图分别对共享图像和阴影图像进行测试和分析。以 6.4 节中的((1,4),4,4,8)EPSIS 仿真结果为例，我们对图 6-3 中的所有图像进行直方图测试，其结果如图 6-7 所示。在图 6-7 中，图 6-7（a）为共享图像“钟表”的灰度直方图，可以看出，该测试图像中的像素分布不均，具有一定的规律性。在共享图像经过((1,4),4,4,8)EPSIS 算法后，生成的核心阴影图像和非核心阴影图像的灰度直方图分别如图 6-7（b）和（c）所示。由结果可以看出，无论是核心阴影图像还是非核心阴影图像，其像素在各个灰度级出现的频率相似，近似服从均匀分布。这有效地掩盖了原始图像的信息，在视觉上看不到原始图像的任何蛛丝马迹，攻击者无法通过直方图攻击从而进一步判断图像的信息。

为了表明图像渐进式恢复的特性，我们分别对重构出的不同质量的共享图像做了直方图测试，其结果如图 6-7（d）所示。由图 6-7（d-1）~（d-4）与图 6-7（a）对比可知，图 6-7（d-1）为重构出的最低等级的共享图像的灰度直方图，其像素分布与原始共享图像较为相似，但仍有较大的差别。随着重构的共享图像质量的逐步提高，其像素分布与逐渐趋向于原始共享图像。这种趋近的特性也再一次证明了本章所提协议在图像重构中满足渐进式恢复的特征。

6.5.2 相关性分析

在图像中，每个像素并不是相互独立的，相反，相邻像素之间具有很强的关联性。这就意味着，在一幅图像中，占有较大比例的图像主体所对应的像素之间具有极小的差异。因此，加密算法的目标之一是，无论在水平方向、垂直方向、对角线方向，均要破除相邻像素之间的强关联性，使得加密后的图像近似于无序图像。在加密图像中，相邻像素的相关性越小，则说明加密效果越好，图像的安全性越高。

给定图像 I，其尺寸大小为 $W \times H$，图像中相邻的两个像素可以分别由 i_1 和 i_2

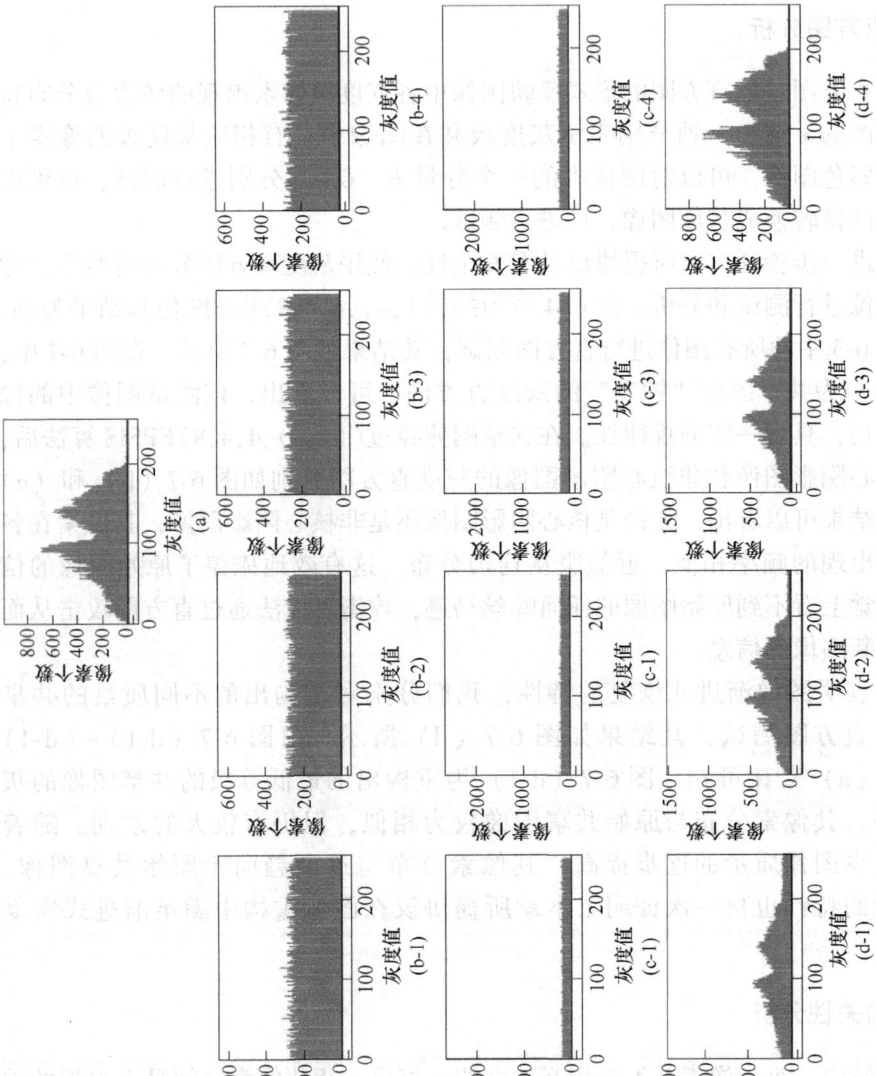

图 6-7　以"钟表"为共享图像在((1,4),4,4,8) EPSIS 中产生的所有图像对应的灰度直方图

(a)"钟表"的灰度直方图；(b) 四个核心阴影图像分别对应的灰度直方图；(c) 四个非核心阴影图像所对应的灰度直方图；

(d) 由不同阴影图像重组出的不同质量的共享图像所对应的灰度直方图

表示，则 i_1 和 i_2 之间的关联系数可以由式（6-4）所示，其计算结果在区间［-1，1］内。

$$\mathrm{Corr}(i_1,i_2)=\frac{\sum_W\sum_H(i_1-\bar{i}_1)(i_2-\bar{i}_2)}{\sqrt{\sum_W\sum_H(i_1-\bar{i}_1)^2\sum_W\sum_H(i_2-\bar{i}_2)^2}} \tag{6-4}$$

当 $0<|\mathrm{Corr}(i_1,i_2)|<1$ 时，则说明 i_1 和 i_2 之间存在关联性，相关系数的绝对值越大，相关性越强，相邻像素的灰度值越接近，当 $\mathrm{Corr}(i_1,i_2)=1$ 时，则说明 i_1 和 i_2 具有相同的灰度值。相反，当 $\mathrm{Corr}(i_1,i_2)$ 的数值越趋近于 0 时，则说明 i_1 和 i_2 之间关联性越来越弱。当 $\mathrm{Corr}(i_1,i_2)=0$ 时，则说明 i_1 和 i_2 没有关联。

在本章所提的协议中，像素之间的相关性可以用来度量阴影中像素之间的关系。相关系数越接近于零，像素关系越弱，阴影图像的安全性越高。为了进一步证明所提协议的安全性，以 6.3 节中的((1,4),4,4,8)EPSIS 仿真结果为例，我们对图 6-3 中图像 $SC_1\sim SC_8$ 进行相邻相似相关性测试，表 6-1 分别给出了所有阴影图像在水平方向、垂直方向及对角方向的平均相关系数。

表 6-1 相邻像素之间的相关系数

图像类型	图像名称	水平方向	垂直方向	对角线方向
核心阴影图像	SC_1	-0.0043	-0.0041	0.0032
	SC_2	-0.0036	-0.0033	0.0014
	SC_3	-0.0096	0.0036	0.0043
	SC_4	-0.0038	-0.0078	-0.0041
非核心阴影图像	SC_5	-0.0043	-0.0083	-0.0056
	SC_6	-0.0041	-0.0031	0.0015
	SC_7	-0.0040	-0.0023	0.0016
	SC_8	-0.0040	-0.0043	-0.0041

由表 6-1 可以看出，在图 6-3 中图像 $SC_1\sim SC_8$，无论在水平、垂直和对角线方向的相邻像素相关系数都接近于 0。因此可以证明，阴影图像的每个像素近似于独立分布，本章所提协议的加密效果较好，具有较高的安全性。

相关系数可以定量地反映像素的相关性情况，而散点图可以以图像的形式更直观地反映相邻像素之间相关性的强弱。我们以图 6-9（a）所示的灰度图像“Lena”为测试图，分别在图 6-8、图 6-9 和图 6-10 展现了测试图像、由测试图像生成的核心阴影图像和非核心阴影图像在水平、垂直和对角线方向上的相关系数散点图。由图 6-8（b）~（d）可以看出，原始的测试图像无论在水平、垂直、对角线方向，离散点都近似以 $y=x$ 的形式呈线性分布，离散点的聚集性较高，说明原始测试图中，相邻像素十分接近，表现出较高的相关性。在图 6-9 和图 6-10 中可以看出，在由测试图像生成的核心阴影图像（图 6-9（a））和非核心阴影图像（图 6-10（a））中，相邻像素在水平、垂直、对角线方向上的离散点都呈现

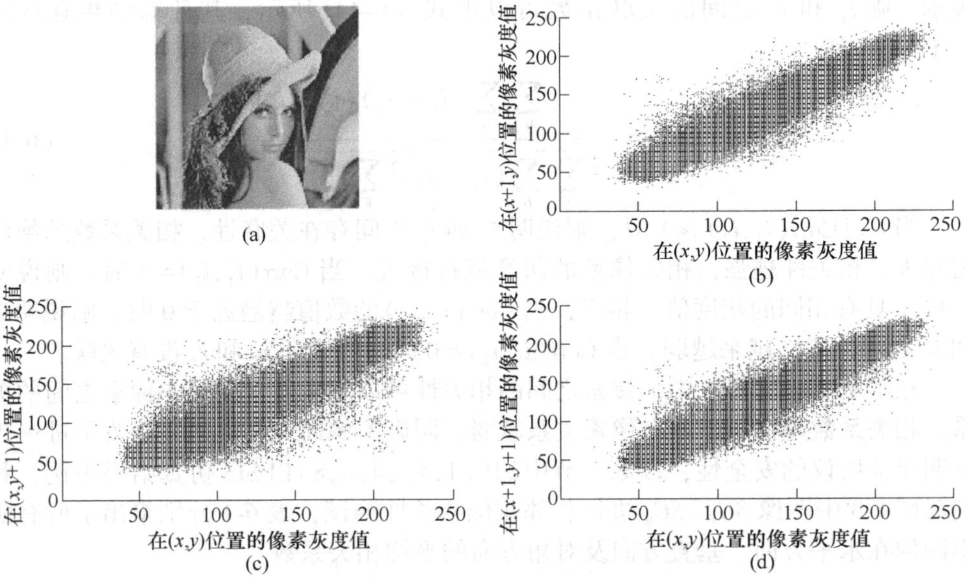

图 6-8 灰度测试图“Lena”的相邻像素相关性

（a）灰度测试图“Lena”；（b）水平方向相邻像素相关性；

（c）垂直方向相邻像素相关性；（d）对角线方向相邻像素的相关性

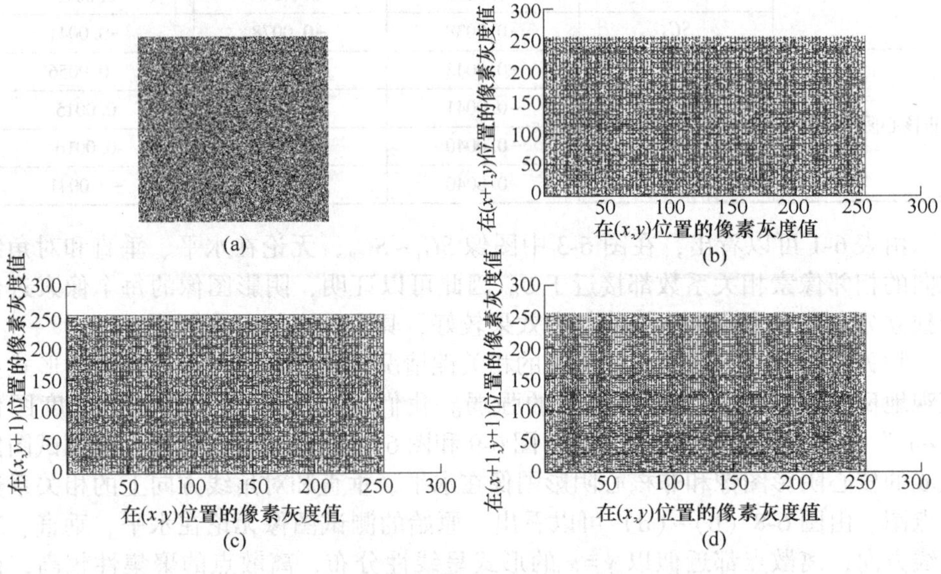

图 6-9 核心阴影图像的相邻像素相关性

（a）核心阴影图像；（b）水平方向相邻像素相关性；

（c）垂直方向相邻像素相关性；（d）对角线方向相邻像素的相关性

出均匀分布的状态，说明在核心阴影图像和非核心阴影图像中，相邻像素的相关性已经减弱到几乎是相互独立的状态。这也从另一个角度证明了本章所提协议满足安全性条件。

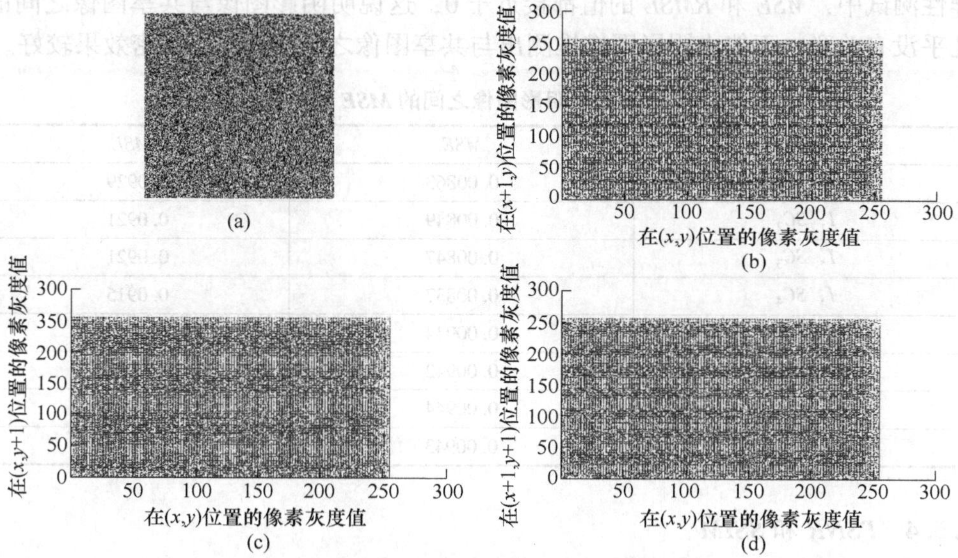

图 6-10 非核心阴影图像的相邻像素相关性

（a）非核心阴影图像；（b）水平方向相邻像素相关性；

（c）垂直方向相邻像素相关性；（d）对角线方向相邻像素的相关性

6.5.3 *MSE* 和 *RMSE*

均方误差（Mean Square Error，MSE）是另一种相似性度量的方法，它反映的是估计量与被估计量之间差异程度。在图像加密算法中，通常使用均方误差度量加密图像与原始图像之间的差异，从而反映图像加密的效果。给定两张图像 I_1 和 I_2，其尺寸均为 $W \times H$，则 I_1 和 I_2 之间的均方误差可以由式（6-5）表示。除此之外，均方根误差（Root Mean Square Error，RMSE）为均方误差的平方根，其大小可以根据式（6-6）计算得到。

$$MSE = \frac{1}{W \times H} \sum_{i=1}^{W} \sum_{j=1}^{H} (I_1(i,j) - I_2(i,j))^2 \tag{6-5}$$

$$RMSE = \sqrt{MSE} \tag{6-6}$$

在加密算法中，可以通过计算 *MSE* 和 *RMSE* 的值评估图像的加密效果。通常情况下，在测试加密图像与原始图像之间的差异性时，*MSE* 和 *RMSE* 的值越小加密效果越好。因此，在本章中，可以通过 *MSE* 和 *RMSE* 的值评估阴影图像和共享图像之间的差异性。以 6.3 节中的((1,4),4,4,8)EPSIS 仿真结果为例，我们对图 6-3 中的所有核心阴影图像 SC_1，SC_2，…，SC_4 和非核心阴影图像 SC_5，SC_6，…，SC_8 分别与共享图像进行差异性比对，并将 *MSE* 和 *RMSE* 计算结果列在表 6-2。由结果可以看出，在核心阴影图像和非核心阴影图像与共享图像的差异性测试中，*MSE* 和 *RMSE* 的值都接近于 0，这说明阴影图像与共享图像之间的几乎没有关联，不能由阴影图像推测出与共享图像之间的信息，加密效果较好。

表 6-2　共享图像和阴影图像之间的 *MSE* 和 *RMSE* 的值

对比图像	*MSE*	*RMSE*
I，SC_1	0.00863	0.0929
I，SC_2	0.00849	0.0921
I，SC_3	0.00847	0.0921
I，SC_4	0.00837	0.0915
I，SC_5	0.00944	0.0972
I，SC_6	0.00942	0.0971
I，SC_7	0.00944	0.0972
I，SC_8	0.00943	0.0971

6.5.4 *PSNR* 和 *SSIM*

峰值信噪比（Peak Signal to Noise Ratio，PSNR）是一种检测重建信号相对于原始信号的质量的评价指标。通常情况下，原始图像在经过压缩、传输等一系列操作后，再由压缩信号重构出的图像并不和原始图像完全相同，重构的图像会出现某种程度的损坏。重构图像中的每个像素与原始图像存在差异性。而这种差异性的大小可以通过 *PSNR* 表示出来，因此，*PSNR* 也被认为是一种最普遍的图像客观评价指标。由式（6-7）可知，*PSNR* 可以通过 *MSE* 计算可得。*PSNR* 的值越高，表示重构的图像与原始图像的相似度越高。因此，我们可以通过计算 *PSNR* 的值，评估不同等级的重构图像与原始共享图像之间的差异性的大小，从而进一步表明本章所提协议具有图像渐进式恢复的特征。

$$PSNR = 10 \times \log_{10} \frac{255^2}{MSE} \quad \text{dB} \tag{6-7}$$

除峰值信噪比之外，结构相似性度量（Structural Similarity Index Measure，SSIM）是另一种衡量图像质量的评价指标。给定两张图像 I_1、I_2，*SSIM* 首先分别从图像的亮度、对比度和结构三个方面计算出两张图像的相似程度，然后利用三者的乘积得到最终的结果。因此，*SSIM* 可以由通过式（6-8）和式（6-9）计算得来，其中 C_1，C_2，C_3 为常数，通常情况下可以被设置成 $C_3 = \frac{C_1}{2}$，$\alpha = \beta = \gamma = 1$，$\mu_{I_1}$，$\mu_{I_2}$、$\sigma_{I_1}$，$\sigma_{I_2}$、$\sigma_{I_1 I_2}$ 分别表示图像 I_1 和 I_2 的均值、方差和两张图像间的协方差。

$$l(I_1,I_2)=\frac{2\mu_{I_1}\mu_{I_2}+C_1}{\mu_{I_1}^2+\mu_{I_2}^2+C_1}$$

$$c(I_1,I_2)=\frac{2\sigma_{I_1}\sigma_{I_2}+C_2}{\sigma_{I_1}^2+\sigma_{I_2}^2+C_2}$$

$$s(I_1,I_2)=\frac{2\sigma_{I_1I_2}+C_3}{\sigma_{I_1I_2}+C_3} \tag{6-8}$$

$$SSIM(I_1,I_2)=[l(I_1,I_2)]^{\alpha}\times[c(I_1,I_2)]^{\beta}\times[s(I_1,I_2)]^{\gamma} \tag{6-9}$$

SSIM 的计算结果在区间 [−1, 1] 内，*SSIM* 的值越大，表示被测试的两张图像的相似程度越高。当 *SSIM*=1 时，说明重构图像与原始图像完全相同。因此，我们可以通过 *SSIM* 值的大小可以衡量重构图像与共享图像之间的差异程度。表 6-3 给出了在不同门限的条件下不同质量的重构图像所对应的 *PSNR* 和 *SSIM* 值。

表 6-3 不同重构图像的 *PSNR* 和 *SSIM* 值

项　目	重构图像	*PSNR*	*SSIM*
((1,4),4,4,8)EPSIS	$SC_{1,5,6,7}$	11.2607	0.0595
	$SC_{1,2,5,6}$	13.8081	0.1241
	$SC_{1,2,3,5}$	16.0679	0.2814
	$SC_{1,2,3,4}$	+∞	1
((1,5),5,5,10)EPSIS	$SC_{1,6,7,8,9}$	10.4050	0.1465
	$SC_{1,2,6,7,8}$	11.8728	0.2284
	$SC_{1,2,3,6,7}$	14.0437	0.3499
	$SC_{1,2,3,4,6}$	15.7622	0.4853
	$SC_{1,2,3,4,5}$	+∞	1

6.5.5 差分分析

像素变化率（Number of Pixels Change Rate，NPCR）表示同一位置不同加密图像的不同灰度值之比。统一平均变化强度（Unified Average Change Intensity，UACI）表示不同加密图像之间的平均变化密度。一方面，*NPCR* 可以有效地测量两个随机相似图像之间的随机性。另一方面，*UACI* 可以估计两个不同阴影图像的相应像素之间的强度变化。通过计算 *NPCR* 和 *UACI* 值，可以对算法进行差分分析。给定两张图像 I_1 和 I_2，其尺寸均为 $W\times H$，*NPCR* 和 *UACI* 可以定义如下：

$$NPCR(I_1,I_2)=\frac{1}{W\times H}\sum_{i=1}^{W}\sum_{j=1}^{H}D(i,j) \tag{6-10}$$

式中 $D(i, j)=\begin{cases}0, & \text{if } I_1(i, j)=I_2(i, j)\\1, & \text{if } I_1(i, j)\neq I_2(i, j)\end{cases}$

$$UACI(I_1,I_2)=\frac{1}{W\times H}\sum_{i=1}^{W}\sum_{j=1}^{H}\frac{|I_1(i,j)-I_2(i,j)|}{255} \tag{6-11}$$

以((1,4),4,4,8)EPSIS仿真实验为例，我们以核心阴影图像 SC_1 为主，分别测试了其他阴影图像与 SC_1 的 *NPCR* 和 *RMSE*，其结果如表6-4所示。由结果表明，在阴影图像之间，均存在近99%的像素互不相同，且阴影图像间的 *UACI* 均大于32%。因此，可以推断出，本章所提出的协议具有很强的加密效果。

表6-4　阴影图像之间的 *NPCR* 和 *UACI* 的值

对比图像	*NPCR*	*UACI*
SC_1，SC_2	0.99626	0.3293
SC_1，SC_3	0.99609	0.3270
SC_1，SC_4	0.99615	0.3273
SC_1，SC_5	0.99604	0.3680
SC_1，SC_6	0.99597	0.3639
SC_1，SC_7	0.99582	0.3629
SC_1，SC_8	0.99580	0.3699

6.5.6 时间开销

由于拉格朗日插值的计算复杂度约为 $O(n\log^2 n)$，其中 n 表示图像中像素的数量。因此，通过减少拉格朗日插值计算的次数可以有效减少时间开销。

为了验证本章所提协议的高效性，对不同门限条件下不同尺寸的图像。不同门限的条件下对不同尺寸的图像，我们分别测试了它们在图像分割阶段和图像重构阶段的平均时间开销，并将其结果列于表6-5和图6-11。从表6-5和图6-11均可以看出，本章提出的协议具有较低的计算复杂度和较低的时间成本。因此可以认为，本章所提协议具有较低的时间开销，是高效的。

表6-5　图像分割过程和图像重构过程的时间开销

门限条件	图像尺寸	平均时间开销/s	
		分割阶段	重构阶段
((1,2),3,5,7)	128×128	0.09476	0.09308
	256×256	0.34071	0.38912
	512×512	1.60990	1.7040

续表 6-5

门限条件	图像尺寸	平均时间开销/s	
		分割阶段	重构阶段
((1,4),4,4,8)	128×128	0.18793	0.19279
	256×256	0.41553	0.47393
	512×512	1.75165	1.77825
((1,5),5,5,10)	128×128	0.19684	0.20141
	256×256	0.55132	0.57815
	512×512	2.34280	2.45347

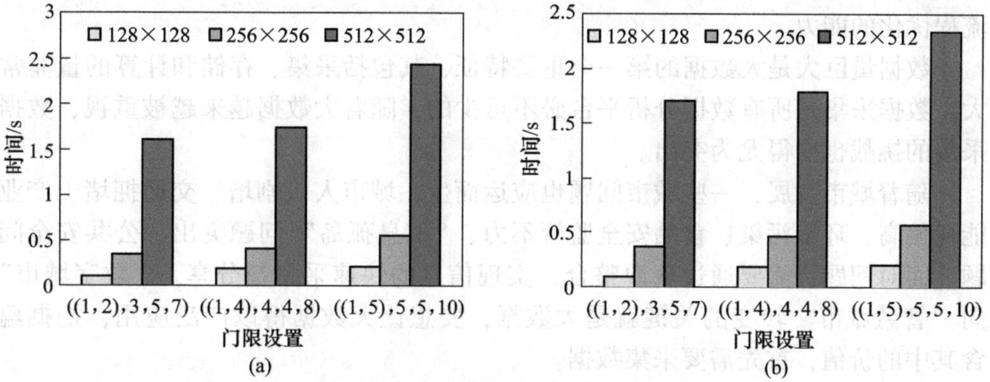

图 6-11 不同门限条件下不同尺寸图像在分割过程和图像重构过程平均时间开销
（a）阴影图像生成阶段平均时间开销；（b）共享图像重构阶段平均时间开销

6.6 本章小结

本章提出了一个对交易平台和客户双赢的支付模式。在这种模式中，允许客户先浏览低质量的图像，以告知他们购买的内容。若客户对某张图像感兴趣，则可以通过付费得到高质量的图像。同时，平台还可以为不同质量的图像采用分级定价的规则，不同质量的图像对应着不同的价格。客户可以根据自己的需求选择购买不同质量的图像。为此，提出了一个具有核心参与者的渐进式图像共享协议，实现上述支付模式的功能。实验结果表明，图像发布者和客户产生的计算复杂性和时间成本都很低（即高效）。因此，本章所提出的协议是满足实用性要求的。

7 智慧城市图像隐私保护模型

7.1 数据是智慧城市的核心资源

大数据分析是指对规模巨大的数据进行分析。大数据具备数据量大、高增长量、多样化、价值密度低属性。大数据经过分析后具备更强的决策力、洞察力和流程优化的能力。

数据量巨大是大数据的第一个重要特征，其包括采集、存储和计算的量非常大。数据采集是所有数据分析平台必不可少的，随着大数据越来越被重视，数据采集的挑战也变得尤为突出。

随着城市发展，一些城市问题也应运而生，城市人口剧增、交通拥堵、产业能耗偏高、环境污染、食品安全监管不力、“信息孤岛”问题突出、公共安全问题。面对问题，需要通过资源整合，实现信息的快速采集与分享。“数字城市”向“智慧城市”转变的关键就是大数据，要想让大数据得以广泛应用，挖掘蕴含其中的价值，首先需要采集数据。

数据是智慧城市的核心资源，它散落在各个城市的所有构成单元，比如，卫星数据、气象信息、摄像头、无线通信终端、移动通信数据、公共基础数据、业务数据，等等，是亟待开采的特殊资源。这些数据不被集中搜集，就无法发挥其价值。有人说大数据是石油，深埋在地下，大数据采集就相当于发现原油、开采原油。它是大数据分析、科学管理、智慧城市建设的基础。客观来讲，数据也是城市生活运行不可或缺的重要资产。

在大数据时代，数据采集一般来说有三个特点：一是数据采集以自动化手段为主，尽量摆脱人工录入的方式；二是采集内容以全量采集为主，摆脱对数据进行采样的方式；三是采集方式多样化、内容丰富化，摆脱以往只采集基本数据的方式。从采集数据的类型看不仅要涵盖基础的结构化交易数据，还将逐步包括半结构化的用户行为数据，网状的社交关系数据，文本或音频类型的用户意见和反馈数据，设备和传感器采集的周期性数据，网络爬虫获取的互联网数据，以及未来越来越多有潜在意义的各类数据。过去传统的数据采集方法包括人工录入、调查问卷、电话随访等方式。随着大数据时代的到来，数据采集方法有了质的飞跃，目前使用最多的是移动端安装的采集软件工包，这种技术能帮助采集用户数、活跃情况、流失比例、使用时长等基础数据；网络爬虫也是广泛使用的互联网采集技术，常被用于大规模全网信息采集、舆情监控、竞品分析等领域。在工业制造业领域，传感器也是常见的大数据采集装置，通常用于自动检测和控制等环节。当前，基于传感器数据的大数据应用才刚刚起步，随着未来携带传感器+大数据平台的智能设备将越来越多，智能医疗，智慧城市等方面的前景将无限广阔。另外，对于常见的日志数据的采集，一些互联网公司有自己开发的工具如ELK公司的Logstash、Hadoop公司的Chukwa、clouda的Flume、Facebook的Scribe等，这些工具大多使用分布式的设计，能够应对海量数据的采集和传输。对于流量数据的采集，一般使用DPI设备将业务流量数据镜像过来，做相关的协议解析。

7.2 智慧城市图像隐私保护模型的理论基础

7.2.1 混沌映射算法

视频、图像等非结构化数据的相邻像素之间存在较强的关联性、较高的冗余度及巨大的数据量等显著的特点，因此传统的数据加密方案不能满足图像及视频数据的实时性、轻量性等要求。基于上述情况，研究者们提出了数量众多的图像加密方案，其中最具代表性的为使用了混沌映射算法的加密方案。混沌映射算法使用排列、扩散等操作来破坏图像中各像素之间的相关性[87,88]。由于混沌映射算法在遍历性、不可预测性以及对参数及初始条件的敏感性等方面具有较好的性能，因此在图像加密任务中得到了十分广泛的使用[89]。混沌映射算法分为一维的混沌映射算法及高维的混沌映射算法[90,91]。S. Behnia 等人[92]证明了传统的一维混沌映射是不安全的。许多研究人员设计了二维甚至高维混沌映射算法。尽管混沌映射算法能够满足图像加密的安全性要求，但其仍较为复杂，因此它们并不适合应用于物联网环境下的图像隐私保护中。此外，大多的混沌映射算法通常需要加密全部的一整张图像，虽然使图像加密算法的安全级别得到提高，但这些图像加密算法在灵活性方面的表现较差，不适合应用于实际的物联网摄像设备的应用环境中。

7.2.1.1 高速混沌映射算法

高速混沌映射是一种基于块的混沌映射算法。该算法的原理如图7-1所示。高速混沌映射算法将图像分成若干块，并按照伪随机序列重新排列这些块。该算法是安全性和效率之间的折中。虽然该算法的安全性并不优于其他复杂的混沌映射算法，但该算法的计算量较小，适用于物联网摄像设备应用环境中的图像隐私保护。

加密：

步骤 1：数据中心根据图像大小生成一个伪随机序列 τ，并将该序列发送给物联网摄像设备。其中，$\tau_i \in \{0,\cdots,b-1\}$，$b$ 是图像块的数量，τ 中的元素值不重复。

步骤 2：物联网摄像设备将图像分割成块，并按照数据中心发送的顺序重新排列图像块。

步骤 3：IoT 摄像设备将混沌图像发送到数据中心。

解密：

数据中心利用序列 τ 将混沌的图像重新排列，恢复原始图像。

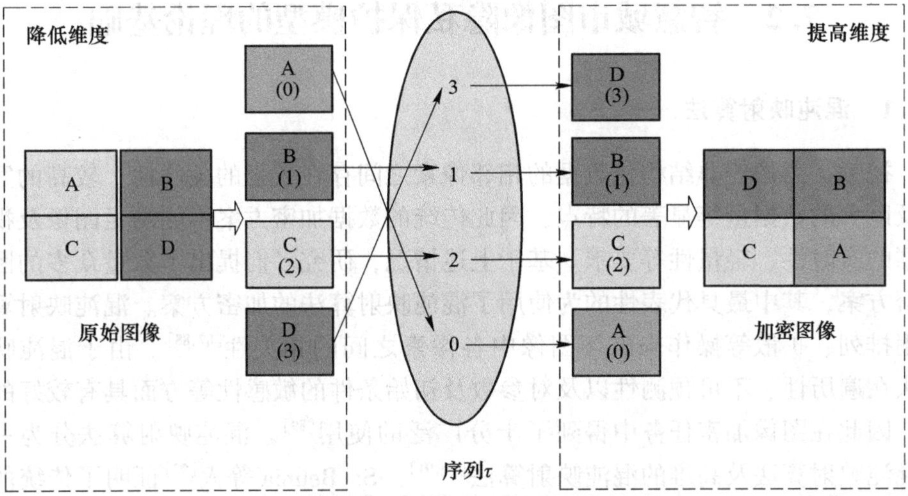

图 7-1 高速混沌映射算法

7.2.1.2 Logistic 映射算法

Logistic 映射算法[49]是混沌映射算法中的一种非常经典的加密算法，同时也是十分常用的一种算法，其被广泛地应用于图像加密中。Logistic 映射算法的算法原理如式（7-1）所示：

$$x_{n+1} = \mu x_n(1 - x_n) \tag{7-1}$$

式中，$0<\mu<4$，当 $\mu \in (3.75,4]$ 时图像为混沌图像；n 的取值范围为：$n=0$，1，2，3，…。

然而，Logistic 映射算法用于实数域中的时候具有一定的局限性。在计算机的实际应用环境中，常常需要对浮点数进行计算。此时，若在实际的计算机环境下使用 Logistic 映射算法将会消耗过多的计算资源，甚至增加近一倍的资源消耗。

为了解决 Logistic 映射算法中由于浮点数计算所导致的计算量大幅增加的情况，Miyazaki T 等人提出了一种能够应用于整数的 Logistic 映射算法，具体算法如式（7-2）所示：

$$f_{Int}^{(n)}(X) = \lfloor \mu X(2^n - X)/2^n \rfloor_{251} \tag{7-2}$$

式中，$X \in [0, 2^n]$, $n = 0, 1, 2, 3 \cdots$；$\lfloor . \rfloor$则表示的是向下取整操作。

Muhammad K 等人对有限域上的 Logistic 映射做出了定义，具体如式（7-3）所示：

$$X_{i+1} = f_{Z_N}(X_i) = \mu_N X_i (X_i + 1) (\text{mod } N) \tag{7-3}$$

式中，控制参数 $\mu_N \in [1, N-1]$；$X_i \in [0, N-1]$，$i = 1, 2, 3, \cdots$。

7.2.2 DNA 加密算法

脱氧核糖核酸中包含了 RNA 生物以及蛋白质等合成中不可或缺的遗传物质信息，这种生物大分子具有极其重要的作用。DNA 由四个碱基构成，分别为：鸟嘌呤（G）、腺嘌呤（A）、胸腺嘧啶（T）以及胞嘧啶（C）。构成 DNA 的碱基满足一种固定的配对原则，具体为：G 只能与 C 进行配对，T 只能与 A 进行配对。而这种配对原则刚好与计算机中的 1 与 0 互补的原则相对应。因此，研究者们利用 DNA 中碱基配对的原理设计出了 DNA 加密算法[94]。其中，DNA 加密算法中的编码规则如表 7-1 所示。

表 7-1 DNA 加密算法编码原理

碱基	A	T	C	G
A	A	T	C	G
T	T	A	G	C
C	C	G	A	T
G	G	C	T	A

与 DNA 中碱基配对的原理类似，DNA 加密算法的编码规则采用了计算机中的八位进制，其中每两个二进制位对应于一个碱基，并满足其相应的配对原则。由于攻击者并不知道其具体的对应规则，因此对应的编码规则共有八种，如表 7-2 所示。

表 7-2 DNA 加密算法可能的编码规则

规则	A	T	C	G
Rule 1	00	11	10	01
Rule 2	00	11	01	10
Rule 3	11	00	10	01
Rule 4	11	00	01	10

续表 7-2

规则	A	T	C	G
Rule 5	10	01	00	11
Rule 6	01	10	00	11
Rule 7	10	01	11	00
Rule 8	01	10	11	00

7.2.3 同态加密算法

1976 年，Diffie 等人首先提出了一种基于公钥的密码体制[95]。在公钥密码的体制中，加密所需的密钥与解密所需的密钥是不同的。公钥密钥体制的提出为各类同态加密算法的研究工作奠定了基础。1978 年，Rivest 等人[96]首次提出了有关同态加密的问题。具体为：用户不仅能够直接地采用某种特定的代数运算对加密后的数据进行计算，并且所得到的计算结果与对明文采用了同种代数运算后再执行加密操作后得到的计算结果保持一致。若某种同态加密方案仅支持加法这一种代数运算则该算法是满足加法同态的加密方案，其有加法的同态性；若某种同态加密方案仅支持乘法这一种代数运算则通常认为该方案是乘法同态加密方案，其有乘法的同态性；若某种同态加密算法在支持加法运算的同时还支持乘法运算，则该算法是全同态加密算法，其有全同态性。此后，同态加密这一问题成为了密码学界的一个开放性的问题，众多的研究者们称该问题为密码学界的一座“圣杯”。同年，Rivest 等提出了一种十分著名的加密算法 RSA，作为一种经典的公钥密码算法，RSA 算法仅具有乘法同态的性质，并没有加法同态性。并且由于 RSA 算法是一种具有确定性的公钥加密方案，因此 RSA 算法并不具备语义的安全性。此后，Rivest 等人提出了一种具有全同态性的 Rivest 方案。然而实验表明，该算法具有十分严重的安全性问题。此后，研究者们对同态加密进行了广泛深入的研究工作。直至 2009 年，IBM 研究员构造了出世界上首个具有全同态性的同态加密算法，并由此吸引了众多的研究人员对全同态加密方案进行相应的研究工作。下文将介绍几种典型的，得到了广泛应用的同态加密算法。

7.2.3.1 RSA 密码体制

自 Rivest 等人提出了第一个具有实用性的公钥加密算法后至今，RSA 仍然是一种得到广泛应用的非对称加密方案。RSA 加密方案的安全性基于的是整数的分解这一困难性问题，因此该方案的安全性强。在 RSA 方案中，选用的密钥的位数越长，则 RSA 算法就越难以破解。根据已有文献描述，目前 RSA 算法被破解时，其最长的密钥长度为 768 个二进制位。由于目前还没有研究者公开宣布破解了 RSA 算法中长度超过 768 个二进制位的密钥，因此通常情况下，研究者们认为若 RSA 算法的密钥长度能够达到 1024 个二进制位就能够保证算法的基本安全。若 RSA 算法的密钥长度达到 2048 个二进制位就能保证此时是极其安全的。

RSA 算法主要分为：密钥的生成阶段、加密以及解密三个部分。接下来，本节将详细介绍 RSA 密码体制，并对其所具有的同态性进行分析。

密钥生成：假设 p 与 q 为两个满足某个特定要求的一对大素数，使得 $n=pq$。根据欧拉定理可知，$\varphi(n)=(p-1)(q-1)$，其中 $\varphi(n)$ 是 n 的欧拉函数的值。选择一个随机的整数 e，且该整数满足 $1<e<\varphi(n)$，并且 $\gcd(\varphi(n),e)=1$。根据 $d\cdot e\equiv 1\bmod(\varphi(n))$ 可以计算出 d，那么公钥 $pk=(n,e)$，私钥 $sk=d$。

加密：对于明文 m，加密后的密文 $c=E_{pk}(m)=m^e(\bmod n)$。

解密：解密运算为加密运算的逆操作。对于密文 c，解密后的明文 $m=D_{sk}(c)=c^d(\bmod n)$。

上文主要对 RSA 算法中具体的密钥生成及加解密的过程进行了详细的介绍。下文将对 RSA 算法的乘法同态性进行证明及介绍。

假设明文 m_1 与 m_2，分别对 m_1 与 m_2 进行 RSA 加密，经过计算可得 $E(m_1)=m_1^e\bmod N$、$E(m_2)=m_2^e\bmod N$，其中 $E(m_1)$、$E(m_2)$ 即为明文 m_1 与 m_2 所对应的密文 c_1 与 c_2。将所得的密文 c_1 与 c_2 进行乘法运算，计算过程如式（7-4）所示：

$$E(m_1)\cdot E(m_2)=(m_1^e\cdot m_2^e)\bmod N \tag{7-4}$$

当对明文 $m_1\times m_2$ 使用 RSA 算法进行加密，其加密的详细过程如式（7-5）所示：

$$E(m_1\cdot m_2)=(m_1^e\cdot m_2^e)\bmod N \tag{7-5}$$

显然，由式（7-4）与式（7-5）可知，$E(m_1)\cdot E(m_2)=E(m_1\cdot m_2)$，因此 RSA 算法满足乘法同态性。

由于在生成了公、私钥以后，RSA 算法的加密及解密中所包含的各个参数就会固定下来。如此一来，若采用相同的待加密数据进行加密处理后，其加密后的数据一定是相同的，因此这不可避免地带来了一定的安全性问题。

7.2.3.2 BGN 密码体制

BGN 同态加密算法[97]可以对密文数据进行一次乘法的运算以及不限次数的加法运算。BGN 算法由密钥生成阶段、加密阶段、解密阶段三个阶段组成。下文将对 BGN 算法的三个阶段进行详细的描述，并对其同态性进行简单的证明与描述。

密钥生成：假设 $\lambda \in Z^{+}$ 为安全参数，随机的选取 q_1 及 q_2 这一对大参数，其位数为选取的 λ 位。令 $n=q_1 \cdot q_2$，G_1 为 q_1 阶的双线性群。e：$G_1 \times G_2 \to G_2$ 为 n 阶的一个双线性的映射，随机的选取 u，$g \leftarrow G_1$，且令 $h=u^{q_2}$，h 表示的是 G_1 子群中的一个生成元，元素 $x=G_1$，规定该元素的阶数是 q_1，那么输出为 1，否则是 0。其中，公钥为 $pk=(n,G_1,e,w,g)$，私钥为 $sk=q_1$。

加密：定义明文空间是整数的集合 $M=\{0,1,\cdots,T\}$，其中 $T<q_2$，随机选取整数 $r \leftarrow \{0,1,\cdots,n-1\}$，对明文 m 进行加密则密文 c 的计算如式（7-6）所示。

$$c = g^m h^r \in G_1 \tag{7-6}$$

解密：将密文 c 利用私钥 $sk=q_1$ 进行解密，令：

$$c^{q_1}=(g^m h^r)^{q_1}=(g^{q_1})^m \cdot (h^r)^{q_1}, h^r=\underbrace{(u^{q_2}) \cdot (u^{q_2}) \cdot \cdots \cdot (u^{q_2})}_{r}, \underbrace{(h^r)^{q_1}=(h^r) \cdot (h^r) \cdot \cdots \cdot (h^r)}_{q_1}$$

$\in G_1$，因此，$c^{q_1}=(g^{q_1})^m \cdot (h^r)^{q_1}=(g^{q_1})^m \cdot 1=(g^{q_1})^m$

其中，c、q_1、g 均为已知量，因此，明文为如式（7-7）所示。

$$m = \log_{g^{q_1}} c^{q_1} \tag{7-7}$$

在上文中主要介绍了 BGN 算法的密钥生成、加密及解密三个阶段的详细过程。下文将对其乘法同态性进行证明及介绍。

设密文为：

$$c_1 \cdot c_2 = (g^{m_1} h^r) \cdot (g^{m_2} h^r) = g^{m_1+m_2} h^{2r} = Enc_{BGN}(m_1 + m_2)$$

显然，该 BGN 加密算法是具有加同态性的。

对于 $g_1=e(g,g), h_1=e(g,h), h=g^{a \cdot q_2}(a \in Z), r,r_1,r_2 \in Z_n, r,r_1,r_2 \in Z_n, c_1=g^{m_1}h^{r_1}, c_2=g^{m_2}h^{r_2}(c_1,c_2 \in G_1)$，根据双线性对的性质，定义密文域的乘法为：

$$\begin{aligned} c_1 \otimes c_2 &= e(c_1,\ c_2)h_1^r \\ &= e(g^{m_1}h^{r_1},\ g^{m_2}h^{r_2})h_1^r = e(g,\ g)^{m_1 \cdot m_2}h_1^r \\ &= c_3 = g_1^{m_1 \cdot m_2}h_1^{r'} \\ &= Enc_{BGN}(m_1 \cdot m_2) \end{aligned}$$

式中，$r'=m_1r_2+r_2m_1+aq_2r_1r_2+r$，$r' \in Z_n$；密文的乘积 $c_3 \in G_1$。由此可知，BGN 同态加密算法只能进行一次乘法的同态加密运算，若进行了多于一次的乘法同态运算后就无法正确地对加密后的数据进行解密。

7.2.3.3 整数向量同态加密算法

整数向量加密算法（Integer Vector Homomorphic Encryption，VHE）[98]是一种广泛地应用于云计算领域中的一种十分高效的同态加密方案。本章节中，VHE

算法将用于生成“动态遮蔽膜”的过程中，用于生成“遮蔽膜”的 VHE 算法的细节如下：

(1) 密钥生成。实体 A 生成一个随机矩阵 $\boldsymbol{S}$ 并向实体 B 发送 $\boldsymbol{S}$。其中，矩阵 $\boldsymbol{S}$ 的大小记为 $m\times n$，随机矩阵 $\boldsymbol{S}$ 中的每一个元素都是整数。

(2) 加密。

步骤 1：实体 A 生成一个随机的大整数 w。其中大整数 w 满足 $w\ll|\boldsymbol{S}|$，而 $|\boldsymbol{S}|:=\max_i\{|\boldsymbol{S}|_{ij}\}$，随后实体 A 发送 w 给实体 B。

步骤 2：假设明文为 $\boldsymbol{\beta}$，$\boldsymbol{\beta}$ 为向量且 $\boldsymbol{\beta}=(b_1,b_2,\cdots,b_m)^{\mathrm{T}}$。其中，$b_1$，$b_2$，…，$b_m$ 为整数。实体 A 根据明文 β 计算 $w\boldsymbol{\beta}$。

步骤 3：实体 A 利用等式 $\boldsymbol{S\alpha}=w\boldsymbol{\beta}+\boldsymbol{e}$，计算向量 $\boldsymbol{\alpha}=(a_1,a_2,\cdots,a_n)^{\mathrm{T}}$。其中，$a_1$，$a_2$，…，$a_n$ 都是整数；$\boldsymbol{e}$ 为充当误差项的噪声向量，$\boldsymbol{e}$ 中的元素值小于$\frac{w}{2}$。经过计算后，实体 A 将密文 α 发送给实体 B。

(3) 解密。实体 B 利用密文 α 计算 $\lceil\frac{S\alpha}{w}\rfloor$，经过计算后可恢复明文信息。其中，$\lceil\frac{S\alpha}{w}\rfloor$ 为$\frac{S\alpha}{w}$最邻近的整数。

7.3 设计目标

提出了一种 MSAI 模型，该模型可以应用于智慧城市环境中，保护物联网摄像设备拍摄的图像中的隐私信息。为了适应智慧城市环境中，物联网摄像设备的计算资源及存储资源受限的特点，以及满足图像隐私保护方法的灵活性要求，所提出的模型必须包括以下设计目标。

7.3.1 定制化隐私保护的要求

MSAI 模型需要满足“可定制的隐私保护”的要求，提出的方案必须满足以下要求：

(1) 识别准确。由于不同的国家及地区的法律法规对图像中敏感信息的要求不同。物联网摄像设备需要根据不同国家和地区不同的图像隐私保护的要求，准确的识别出图像中的要求进行隐私保护的敏感信息区域。

(2) 定制化隐私保护方法。设计的模型需要满足用户“可定制化的隐私保护需求”，动态灵活的保护图像中位置不同、大小不同的用户敏感隐私区域。

7.3.2 图像数据安全性要求

MSAI 模型需要满足图像数据隐私保护的安全性的要求，这要求提出的方案必须满足以下要求：

(1) 数据的保密性。在智慧城市环境中，物联网摄像设备拍摄图像并上传到数据中心的过程中会经过数量众多的中间节点。这可能会发生恶意用户的主动攻击，或恶意用户与云服务器及中间节点进行合谋攻击。若云服务器被攻击后，则会发生“遮蔽膜”的生成阶段遭到破坏，从而导致无法恢复被遮蔽的图像；或遮蔽算法的密钥发生泄漏，从而使非法用户能够轻易获得的传输图像中用户的数据信息。

(2) 隐私的保密性。在智慧城市环境中，物联网摄像设备拍摄图像并上传的过程中经过的间节点无法推断出图像中敏感区域中的隐私信息。

(3) 轻量级。由于物联网摄像设备的计算资源与存储资源十分的有限，而这些设备需要拍摄海量的实时的图像数据。因此，在物联网摄像设备上执行的图像隐私保护算法的计算过程应该是轻量级的，否则物联网摄像设备的可靠性以及工作的可持续性难以保证。因此，MSAI 模型需要满足图像数据隐私保护效率要求，这要求提出的方案必须满足轻量级的要求。

7.3.3 攻击者模型定义

针对本章所提方案，相关攻击者模型定义如下：

假设生成“遮蔽膜”算法是在安全的环境下执行的，而图像、视频数据上传过程中实体间的通信是在公开信道上的，假设攻击者具有以下能力。

(1) 攻击者能够窃听以及拦截在公开信道上传输的数据。

(2) 攻击者可能会与云服务器合谋。

(3) 攻击者能够攻击云服务器，并有概率获得云服务器中的相关数据。

7.4 MSAI 模型

本节提出了 MSAI 模型，该模型提出了一种对敏感区域进行遮蔽的图像隐私保护算法。为了清楚地说明提出模型中使用的敏感区域遮蔽算法，本节将详细介绍模型中使用的对敏感区域进行遮蔽的算法中出现对应符号以及相应的说明。MSAI 模型中使用符号的符号表，如表 7-3 所示。

基于 5G 的物联网环境中，为了保护智慧城市环境中物联网摄像设备拍摄图像中的隐私信息，提出了一种具有计算量少以及灵活性高的智慧摄像设备拍摄图像数据的隐私保护模型。本节提出的模型如图 7-2 所示。在该模型中由图像数据

表 7-3 模型中的符号及相应说明

符号名称	含 义
$\boldsymbol{S}$	实体 A 生成的大矩阵
W	一个大整数
SA_r	敏感区域的行数
SA_c	敏感区域的列数
$\boldsymbol{\tau}$	根据图片大小生成的随机序列
$\boldsymbol{O}$	原始图像
k	图像遮蔽算法的密钥
$\boldsymbol{M}$	遮蔽"膜"
$\boldsymbol{D}$	云平台初始化生成的矩阵
O'	敏感区域被遮蔽的图像
O'_{SA}	O'中的敏感区域
A	置乱后的图像
A'	去除"遮蔽膜"的图像

的采集与预处理部分、遮蔽算法及去除遮蔽三个部分组成。在遮蔽算法及去除遮蔽两部分中，提出了一种图像中敏感区域遮蔽算法。

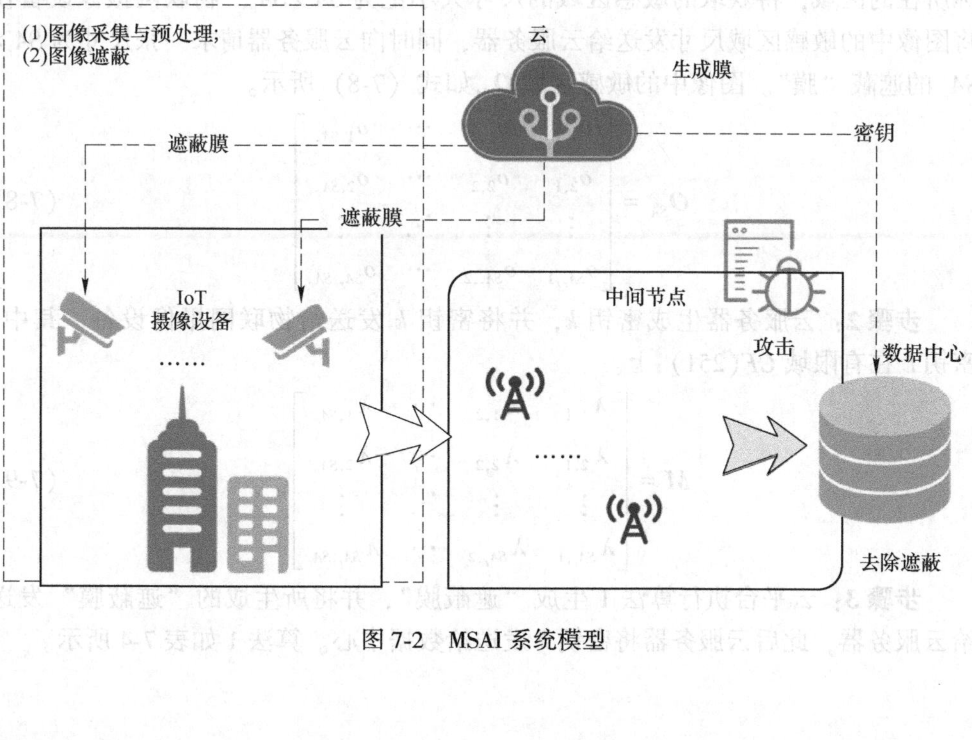

图 7-2 MSAI 系统模型

7.4.1 图像采集与预处理

在 MSAI 模型中，图像的采集与预处理这一部分由物联网摄像设备完成，具体如下：

步骤 1：用户根据服务提供者提供的隐私选项选择相应的隐私内容。如人脸图像中的隐私区域是否选择为整个面部，或是选择人眼存在的部分；道路图像中车牌信息是否为隐私内容，路上的行人是否是隐私内容，指纹信息等生物特征信息是否为隐私信息等，并对判断这些隐私区域是否需要遮蔽操作等。

步骤 2：物联网摄像设备对图像或视频数据进行采集，利用 YOLO v3 算法识别并获取用户选定的敏感区域在图像中的坐标信息。

7.4.2 敏感区域遮蔽方法

在 MSAI 模型中，图像的遮蔽方法由敏感区域遮蔽算法及高速混沌映射算法两部分组成。具有较强的灵活性以及较好的加密效率，适合应用于智慧城市环境中图像隐私的保护中。敏感区域遮蔽算法及高速混沌映射算法的具体算法介绍如下。

7.4.2.1 敏感区域遮算法

步骤 1：物联网摄像设备执行 YOLO v3 算法检测原始图像 O 中的敏感信息目标所在的区域，将获取的敏感区域的尺寸大小记为 $SA_r \times SA_c$。物联网摄像设备仅将图像中的敏感区域尺寸发送给云服务器，同时向云服务器请求一张尺寸为 $SA_r \times SA_c$ 的遮蔽“膜”。图像中的敏感区域 $\boldsymbol{O}_{SA}$ 如式（7-8）所示。

$$\boldsymbol{O}_{SA} = \begin{bmatrix} o_{1,1} & o_{1,2} & \cdots & o_{1,SA_c} \\ o_{2,1} & o_{2,2} & \cdots & o_{2,SA_c} \\ \vdots & \vdots & \ddots & \vdots \\ o_{SA_r,1} & o_{SA_r,2} & \cdots & o_{SA_r,SA_c} \end{bmatrix} \tag{7-8}$$

步骤 2：云服务器生成密钥 k，并将密钥 k 发送给物联网摄像设备，其中，密钥 k 在有限域 $CF(251)$ 上。

$$\boldsymbol{M} = \begin{bmatrix} \lambda_{1,1} & \lambda_{1,2} & \cdots & \lambda_{1,SA_c} \\ \lambda_{2,1} & \lambda_{2,2} & \cdots & \lambda_{2,SA_c} \\ \vdots & \vdots & \ddots & \vdots \\ \lambda_{SA_r,1} & \lambda_{SA_r,2} & \cdots & \lambda_{SA_r,SA_c} \end{bmatrix} \tag{7-9}$$

步骤 3：云平台执行算法 1 生成“遮蔽膜”，并将所生成的“遮蔽膜”发送给云服务器，此后云服务器将密钥 k 发送给数据中心。算法 1 如表 7-4 所示。

表 7-4 算法 1："遮蔽膜" 生成算法

项目	内 容
输入	敏感区域的大小 $SA_r \times SA_c$，密钥 k，整数向量同态加密算法
输出	"遮蔽膜" $\boldsymbol{M}$
(1)	云服务器根据敏感区域的尺寸大小 $SA_r \times SA_c$ 初始化一个矩阵 $\boldsymbol{D}$，矩阵中的元素初始化为 1
(2)	云平台执行整数向量同态加密算法加密矩阵 $\boldsymbol{D}$ 中的元素，从而获得加密膜 $\boldsymbol{M}$。其中"遮蔽膜"如式（7-9）所示，矩阵 $\boldsymbol{M}$ 中的元素 $\lambda_{1,1}$，$\lambda_{1,2}$，…，$\lambda_{m,n}$ 代表的是 $k^{-1}\times(w+e_{1,1})$，$k^{-1}\times(w+e_{1,2})$，…，$k^{-1}\times(w+e_{SA_r,SA_c})$，$w$ 取自有限域 $GF(251)$，e 是一个误差项
(3)	云服务器将获得的膜 $\boldsymbol{M}$ 发送给物联网摄像设备

步骤 4：物联网摄像设备找到敏感区域所在的位置，并对敏感区域采取遮蔽处理。除敏感区域外的其他区域不进行任何的操作，获得的敏感区域遮蔽图记为 $\boldsymbol{O}'$，敏感区域记为 $\boldsymbol{O}'_{SA}$，被遮蔽后的敏感区域如式（7-10）所示。

$$\boldsymbol{O}'_{SA} = \begin{bmatrix} o_{1,1}\times\lambda_{1,1} & o_{1,2}\times\lambda_{1,2} & \cdots & o_{1,SA_c}\times\lambda_{1,SA_c} \\ o_{2,1}\times\lambda_{2,1} & o_{2,2}\times\lambda_{2,2} & \cdots & o_{2,SA_c}\times\lambda_{2,SA_c} \\ \vdots & \vdots & \ddots & \vdots \\ o_{SA_r,1}\times\lambda_{SA_r,1} & o_{SA_r,2}\times\lambda_{SA_r,2} & \cdots & o_{SA_r,SA_c}\times\lambda_{SA_r,SA_c} \end{bmatrix} \tag{7-10}$$

7.4.2.2 高速混沌映射算法

步骤 1：数据中心根据原始图像 O 的大小生成一个伪随机序列 τ，其中 $\tau_i \in \{0, \cdots, b-1\}$，$b$ 为图像按块划分后的块的总数。随后数据中心将序列 τ 发送给物联网摄像设备。

步骤 2：物联网摄像设备根据序列 τ 及图像 O' 执行算法 2，从而获得一张混沌的敏感区域遮蔽图像 A。算法 2 如表 7-5 所示。

表 7-5 算法 2：高速混沌映射算法

项目	内 容
输入	序列 τ，图像 O'
输出	混沌的敏感区域遮蔽图像 A
(1)	物联网摄像设备将图像 O' 划分成为 b 个"块"
(2)	物联网摄像设备根据行优先的原则将二维矩阵转化成一个一维的元胞序列，序列中的元素是原图像中的像素块
(3)	元胞数组中的元素根据序列 τ 中的元素值重新排列
(4)	物联网摄像设备将 1 维的元胞数组转化成为二维矩阵，从而获得一张混沌的敏感区域被遮蔽的图像 A

7.4.3 去除敏感区域的遮蔽

数据中心根据云平台发送的密钥 k 及伪随机序列 τ 执行算法 3，从而获得一张去除遮蔽的图像 A'。算法 3 如表 7-6 所示。

$$A'_{SA} = \begin{bmatrix} \left\lceil \dfrac{K \times O'_{1,1}}{w} \right\rfloor_{251} & \left\lceil \dfrac{K \times O'_{1,2}}{w} \right\rfloor_{251} & \cdots & \left\lceil \dfrac{K \times O'_{1,SA_c}}{w} \right\rfloor_{251} \\ \left\lceil \dfrac{K \times O'_{2,1}}{w} \right\rfloor_{251} & \left\lceil \dfrac{K \times O'_{2,2}}{w} \right\rfloor_{251} & \cdots & \left\lceil \dfrac{K \times O'_{2,SA_c}}{w} \right\rfloor_{251} \\ \vdots & \vdots & \ddots & \vdots \\ \left\lceil \dfrac{K \times O'_{SA_r,1}}{w} \right\rfloor_{251} & \left\lceil \dfrac{K \times O'_{SA_r,1}}{w} \right\rfloor_{251} & \cdots & \left\lceil \dfrac{K \times O'_{SA_r,SA_c}}{w} \right\rfloor_{251} \end{bmatrix} \tag{7-11}$$

表 7-6 算法 3：去除遮蔽算法

项目	内 容
输入	图像 A，序列 τ，k
输出	去除遮蔽后的图像 A'
(1)	数据中心将图像 A 划分成 b 个“块”
(2)	数据中心根据行优先原则将二维矩阵转化成一个一维的元胞序列，序列中的元素为原图像中的像素块
(3)	数据中心将元胞数组中的元素根据序列 τ 中的元素值重新排列，从而恢复图像 O'
(4)	数据中心找到图像 O' 中敏感区域的位置
(5)	数据中心利用密钥 k 执行膜去除算法，将得到去除“遮蔽膜”的图像 A'，去除“遮蔽膜”后的敏感区域如式（7-11）所示，其中，$\left\lceil \dfrac{S\alpha}{w} \right\rfloor_{251}$ 是 $\dfrac{S\alpha}{w}$ 模 251 后最接近的一个整数

7.5 仿真实验

7.5.1 实验结果

本节将对 MSAI 模型的实验进行详细的介绍，在本实验中利用了 Python 编程语言进行实现。实现环境在具有 2.3GHz 处理器的 Windows 10 上执行。

在实验环境中，物联网摄像设备利用 YOLO v3 算法识别出的敏感区域为车牌、指纹和人脸。高速混沌映射算法中的块大小设置为 8×8。本研究选择三组图像作为算法示例，实验效果如图 7-3 所示。YOLO v3 算法识别的敏感区域的图像大小和原图大小如表 7-7 所示。

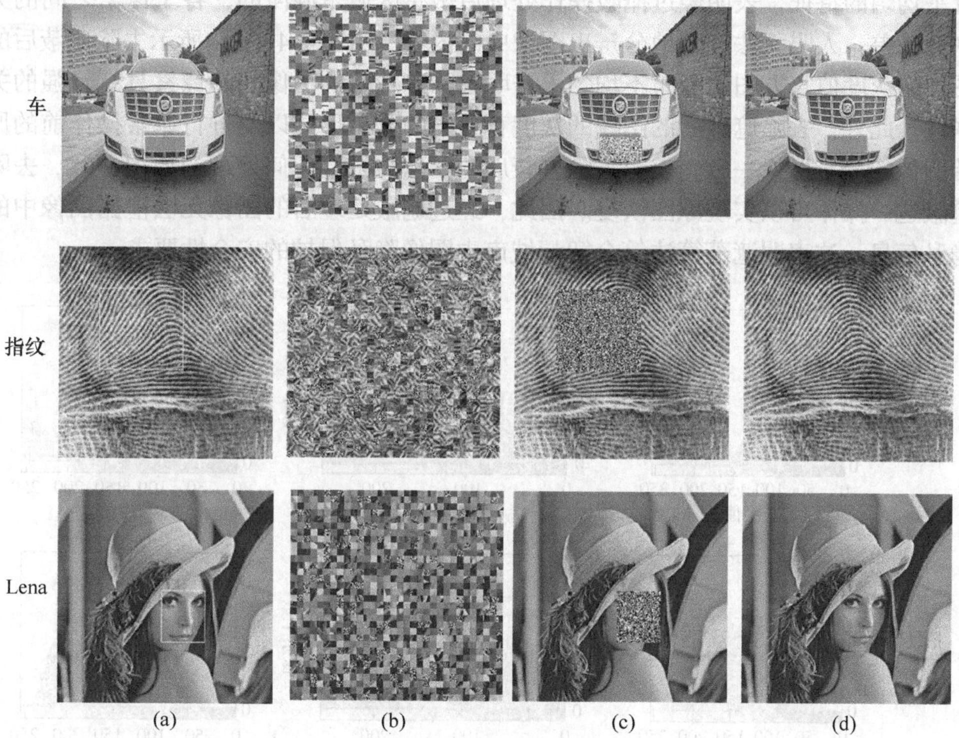

图 7-3 实验效果图

（a）原始图像；（b）敏感区域遮蔽图像；（c）遮蔽处理后的图像；（d）去除遮蔽图像

表 7-7 原始图像及敏感区域图像尺寸

图像	原图尺寸（像素）	敏感区域尺寸（像素）
车	256×256	30×17
指纹	256×256	58×62
Lena	256×256	71×63

7.5.1.1 灰度直方图分析

灰度直方图能够十分直观地评估图像中的各个像素色调值的分布情况。在灰度直方图中，x 与 y 两个坐标值表示的是像素值对相应的强度级别的数量的分布情况。如图 7-4（a）~（c）所示，图中展示了所选用的三张实验图像的原始图像、经过遮蔽后的敏感区域以及去除遮蔽后对应图像的数字直方图，如图 7-4 所示。如图 7-4（a）所示，原始图像的灰度直方图的分布呈现出了十分不均匀的状态，这表明原始图像中像素的关联性较高，符合原始图像中各个像素应呈现出的分布特征。如图 7-4（b）所示，经过掩蔽处理后的敏感信息所在区域中图像的像素分布呈现出近乎均匀的特征。表明经过掩蔽操作处理后敏感区域是混沌的，各个像素之间的关联性较差，人眼无法有效地分辨出图像中的内容。由图 7-4（c）所示去除遮蔽后的图像的灰度值直方图的分布不均匀，表明去除遮蔽后的图像间的像素具有较强的关联性。此外，去除遮蔽后的图像的灰度直方图的分布形式以及进行遮蔽操作前的原始图像的分布形式一致。表明去除遮蔽后的图像与未经任何处理的原图一致，去除遮蔽这一操作可以实现原图恢复。因此，经过遮蔽处理后的图像无法泄露图像中的隐私信息，这表明遮蔽算法符合智慧城市中图像隐私保护的安全性要求。

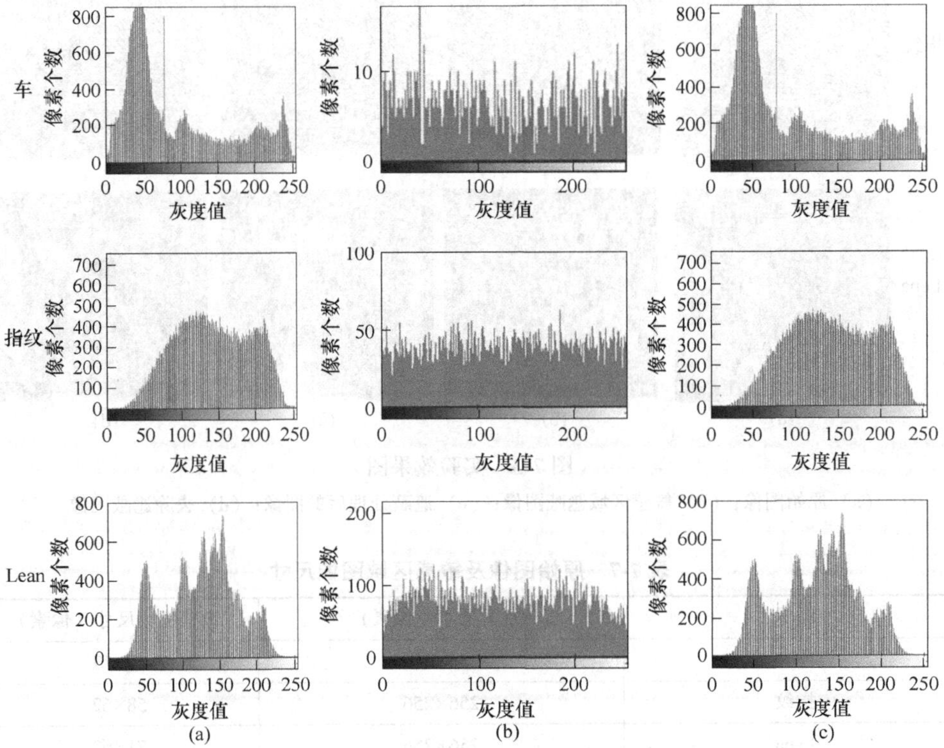

图 7-4　灰度直方图

（a）原始图像；（b）被遮蔽后的敏感区域；（c）去除遮蔽后的图像

7.5.1.2　*NPCR* 与 *UACI*

统一平均变化强度（Unified Average Changing Intensity，UACI）与像素数变

化率（Number of Pixel Change Rate，NPCR）常被用来对加密图像的加密效果进行评价。因此，本节中使用了 *NPCR* 和 *UACI* 这两个参数来验证提出的图像中敏感区域掩蔽算法的对抗差分攻击的强度。

NPCR 能够表示的是不同的加密图像在相同位置的不同灰度值之间的比率。*UACI* 则能够表示的是不同的加密图像间的平均的变化密度。*NPCR* 和 *UACI* 的计算方法可以分别描述为式（7-12）和式（7-13）。实验中原始图像于去除遮蔽的图像的 *UACI* 及 *NPCR* 值如表 7-8 所示。由表 7-8 可知，本研究提出的遮蔽算法具有较好的对抗差分攻击的能力。

$$NPCR(I_1,I_2) = \frac{1}{W \times H}\sum_{i=1}^{W}\sum_{j=1}^{H} D(i,j)$$

$$D(i,j) = \begin{cases} 0, \text{if } I_1(i,j) = I_2(i,j) \\ 1, \text{if } I_1(i,j) \neq I_2(i,j) \end{cases} \tag{7-12}$$

$$UACI = \frac{1}{W \times H}\sum_{i=1}^{W}\sum_{j=1}^{H}\frac{|I_1(i,j) - I_2(i,j)|}{255} \tag{7-13}$$

表 7-8 原始图像与去除遮蔽图像的 *NPRC* 和 *UACI* 值

图像	*NPCR*	*UACI*
车	0.9961	0.3346
指纹	0.9981	0.3318
Lena	0.7871	0.3094

7.5.2 安全分析与效率分析

7.5.2.1 安全性分析

在智慧城市环境中，物联网摄像设备拍摄图像的隐私保护需要满足一定要求，这些要求前文中进行了介绍。在安全性方面本研究利用实验的结果以及现有的安全性分析要求对 MSAI 模型中使用的“遮蔽膜”算法并进行了相应的证明。同时，本研究对所提出模型的安全性进行分析，具体的分析如下：

（1）数据的保密性。在 MSAI 模型中可以有效地防止合谋攻击与主动攻击。

1）合谋攻击。假设云服务器与恶意用户发生合谋，恶意用户能够获得“遮蔽膜”密钥。此时，恶意用户无法获得伪随机序列 S，在公开信道上传输的密文图像无法恢复成明文图像，因此可以有效地防止合谋攻击，从而保护图像中的隐私信息。

2）主动攻击。假设云服务器与物联网摄像设备之间的通信信道被攻击，由于恶意用户无法获取密钥。更无法获取敏感信息所处的位置，所以被屏蔽的图像无法恢复，有效地抵御主动攻击，从而保护图像中的隐私信息。

（2）隐私的保密性。实验表明，密文图像是足够混乱的，各个像素之间的关联性较差，人眼无法分辨图像中敏感区域中的隐私信息，因此可以保证数据的保密性。

7.5.2.2 效率分析

选择图 7-3 中所示的三幅图像中的原始图像作为实验对象，计算执行一百次掩蔽操作所需的平均时间。并与其他的图像加密算法进行对比。遮蔽操作与其他加密算法所需时间的对比如图 7-5 所示。由图 7-5 可知，经过实验验证，掩蔽操作的效率优于所对比算法。

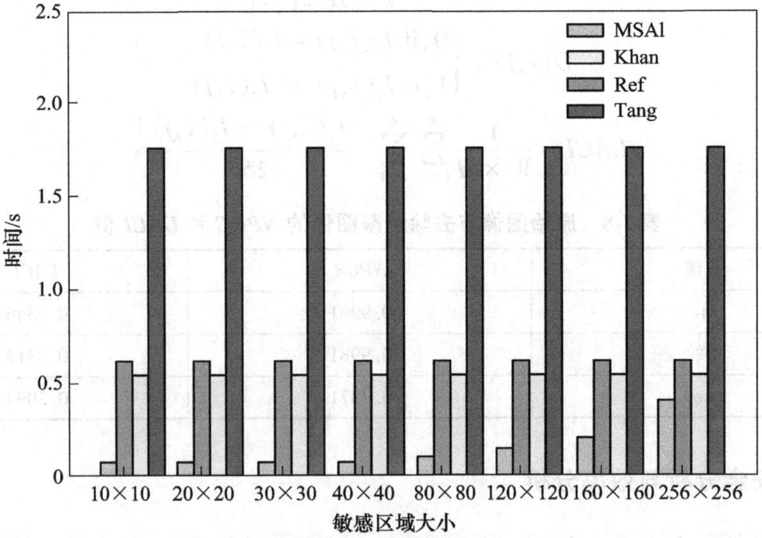

图 7-5 加密时间对比

7.6 本 章 小 结

详细介绍了 MSAI 模型。这是一种应用于智慧城市环境中，物联网摄像设备拍摄图像的隐私保护方案。在 MSAI 模型中，首先采用目标检测算法来识别图像中的敏感区域，并根据用户个性化的隐私需求采用改进的掩蔽算法对图像中的敏感区域进行掩蔽。第二，为了充分利用物联网环境中的计算资源，该模型通过云服务器执行“遮蔽膜”的生成操作，从而避免物联网摄像设备消耗大量计算资源。第三，物联网摄像设备仅需要进行遮蔽操作。本研究进行了较为广泛的实验。实验结果表明，MSAI 模型在效率、安全性和灵活性方面具有较好的性能表现。

8 智慧家居监控视频隐私保护模型

随着5G时代的到来，物联网设备得到了飞速的发展。同智慧城市一样，智能家居系统得到了快速的发展并逐渐地得到了众多消费者的青睐。由各式各样的智慧家居产品构成的智慧家居系统中，用户能利用各类物联网设备进行房屋环境的监控与控制。例如，利用智能空调设备可以随心所欲地控制室内温度；用户利用智能窗帘设备能够智能化的对房屋内的光线进行控制；又或者利用智慧监控设备能够实时的智能化地监控房屋内部及周边的环境等。然而，这些物联网设备在提供便利服务的同时还采集了大量的含有用户隐私信息的数据。特别是物联网监控设备采集到的视频数据中包含了用户大量的生活起居信息，若这些信息发生泄露将会威胁用户的生命及财产安全，所造成的后果是非常严重的。因此，在智慧家居环境中，必须对监控视频中的隐私信息加以保护。

如今研究者们提出了大量的视频加密算法，然而这些视频加密算法不能直接用于智能家居环境中。其主要原因：首先是家用的智能监控设备每秒拍摄的监控视频大约包含25~30帧。由于智能监控设备是一种计算资源、存储资源双双受限的设备。且需要持续工作，不断地获取大量的视频数据，所以对监控视频数据中包含的每一帧图像都进行加密处理显然是一种不合理的隐私保护方式。其次，家庭用智能监控设备拍摄的视频中的内容大多包含了用户的生活起居信息。监控视频中包含的场景是非常单一的。此外，监控视频中并不是每一帧图像中都含有用户的隐私信息。并且对包含隐私信息的图像帧进行“一股脑”的加密同样会造成计算负担的加重。最后，由于不同用户对智能监控设备的使用情况不同，且各普通用户间对于隐私的定义存在差异，因此传统的图像加密算法不能提供一种自适应的视频隐私保护策略。

为了保护智慧监控设备拍摄视频的隐私信息，提出了一种兼具轻量与灵活性的智能家居监控视频中的隐私保护模型，该方案不仅充分地减轻了智能监控设备的计算负担，还能够满足不同用户之间不同的隐私保护需求。

8.1 设计目标

本章提出了一种智慧家居图像隐私保护模型，该模型能够有效地应用于智慧家居环境中，保护智能监控设备采集视频数据中用户的隐私信息。所设计的模型必须充分考虑智慧家居环境中，智能监控设备是一种计算、存储资源均受到限制的设备。与此同时，提出的模型需要满足视频数据隐私保护方法的灵活性要求与用户隐私所需的安全性要求，因此所提出的模型必须包括以下设计目标。

8.1.1 准确识别及定制隐私保护

（1）准确识别。由于智慧家居环境中的用户大多是普通的家庭住户，不同的用户对于隐私信息的定义存在差异。智能监控设备需要根据不同用户的隐私要求，准确识别图像中的敏感信息区域。

（2）定制隐私保护。提出的模型能够对视频帧中的不同位置、不同大小的敏感信息区域进行动态、灵活的隐私保护。

8.1.2 满足安全性的要求

（1）数据的保密性要求。在智慧家居环境中，智能监控设备采集监控视频后通常会上传到云服务器中进行存储或是请求相应的服务，这些数据在上传过程中会经过数量众多的中间节点。若中间节点或者云服务器遭到攻击可能会导致用户数据的泄露或者被非法者恶意使用。除了上述提到的可能发生的主动攻击外，恶意用户同样可能与云服务器进行合谋攻击，从而获取用户的数据。

（2）隐私的保密性要求。在智慧家居环境中，智能监控设备拍摄的视频数据在上传的过程中，中间节点无法推断出视频数据中包含的隐私信息。

（3）轻量级。智能监控设备是一种储存资源与计算资源都是十分有限的设备，并且这些监控设备需要持续的拍摄大量的实时监控视频。因此，在智慧监控设备上执行的计算应该是轻量级的，否则无法保证模型的可靠性以及工作的可持续性。本方案需要满足效率要求，这要求模型必须满足轻量性的要求。

8.2 攻击者模型

假设执行“遮蔽膜”算法是在安全的环境下执行的，而视频数据在上传的过程中各个实体间的通信是在公开信道上。假设攻击者具有以下能力：

（1）攻击者能够窃听以及拦截在公开信道上传输的数据。

（2）攻击者可能会与云服务器合谋。

（3）攻击者能够攻击云服务器，并有概率获得云服务器中的相关数据。

8.3 智慧家居监控视频隐私保护方案

本章提出了一种智慧家居环境下的视频监控数据的隐私保护模型。该模型改进了第6章中使用的“遮蔽膜”生成算法，并对采用的目标检测算法进行了升级。本模型由两个关键部分构成：数据采集部分和遮蔽算法部分。在本节中将详细介绍模型中使用的敏感区域遮蔽算法中出现对应符号以及相应的说明。模型中使用符号的符号表，如表8-1所示。

表8-1 模型中的符号及相应说明

符号名称	含 义
S	实体 A 生成的大矩阵
W	一个大整数
SA_r	敏感区域的行数
SA_c	敏感区域的列数
O	原始图像
C	智能摄像设备执行 VHE 算法计算的矩阵 C
O'	敏感区域被遮蔽的图像
O'_{SA}	O'中的敏感区域
$S1$	智慧摄像设备生成的密钥
$S2$	云服务器生成的密钥

基于5G的物联网环境下，为了保护智慧家居环境中监控视频中的隐私信息。提出了计算负担较小的具有灵活的特点的监控视频数据的隐私保护模型，所提出模型的模型如图8-1所示。该模型由数据的采集与预处理部分及遮蔽算法部分构成。在遮蔽算法这一部分中，本节提出了一种用于视频图像帧中的遮蔽敏感区域的图像隐私保护算法。

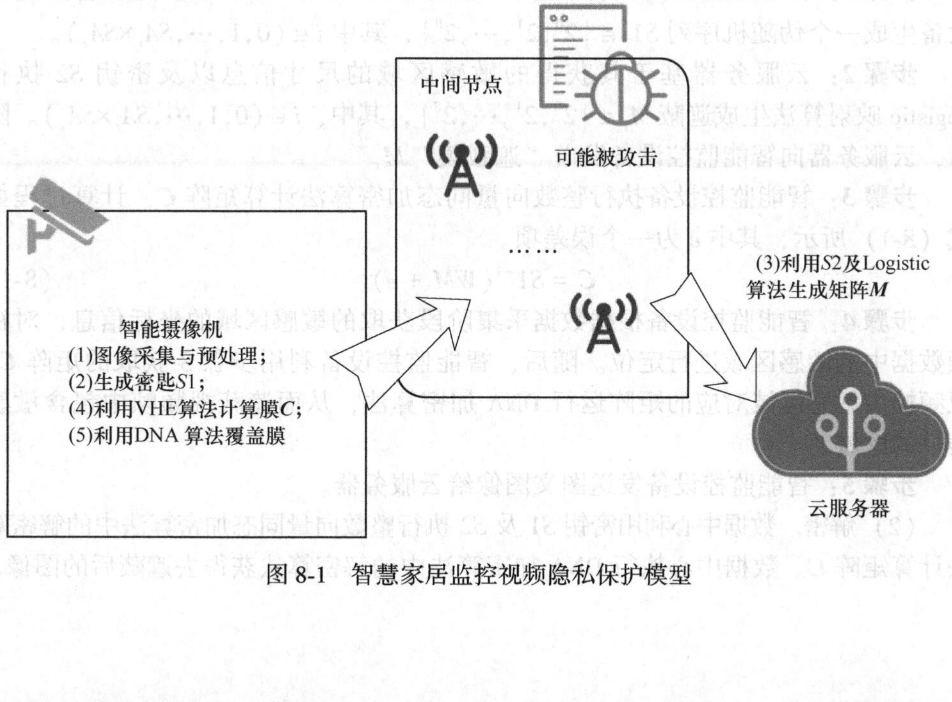

图8-1 智慧家居监控视频隐私保护模型

8.3.1 图像采集与预处理

在智能家居环境中，智能监控设备的用户群体主要是普通的家庭用户。不同的用户之间对于监控视频中隐私内容的定义存在一定的差异。例如，在智能家居系统中用户可以利用智能监控设备获取访者的来访预警服务。但用户不希望除了自己以外的其他非法用户获得来访人员的人脸信息。此时，用户能够将完整的人脸图像这一选项设置为隐私信息区域。同时，用户也能够将人脸中包含的人眼部分设定为隐私信息区域。用户设定的这些隐私区域将被设置一个个的隐私信息标签，并在后续过程中作为敏感区域对其中的隐私信息进行遮蔽处理。

智能监控设备采集监控视频并将视频数据上传到云服务器。在视频上传前，本研究提出的模型首先设置了一些预先设定的隐私标签供用户进行选择。这些选项将为用户提供一种可定制化的隐私保护服务。如用户可以选择监控视频中出现的访客人员的车牌信息、全部的人脸或者人脸图像中包含的眼部区域等。随后，智能监控设备利用已经完成部署的 YOLO v5 算法检测监控视频中包含敏感信息的帧，并检测出该帧中的敏感区域并返回事先设定好的隐私标签所需的目标信息。之所以选择 YOLO v5 算法进行目标检测任务，是因为相对于其他的目标检测算法来说，YOLO v5 算法在检测的速度以及检测的精度等方面具有更好的表现，该目标检测模型符合智能家居环境中的使用要求。

8.3.2 遮蔽算法

（1）加密。

步骤 1：智能监控设备识别敏感区域的位置及尺寸 $SA_r \times SA_c$。随后智能监控设备生成一个伪随机序列 $S1_i \in \{2^0, 2^1, \cdots, 2^8\}$，其中 $i \in (0, 1, \cdots, SA_r \times SA_c)$。

步骤 2：云服务器基于其获得的敏感区域的尺寸信息以及密钥 $S2$ 执行 Logistic 映射算法生成遮蔽 $M_i \in \{2^0, 2^1, \cdots, 2^8\}$，其中，$i \in (0, 1, \cdots, SA_r \times SA_c)$。随后，云服务器向智能监控设备发送“遮蔽膜” M。

步骤 3：智能监控设备执行整数向量同态加密算法计算矩阵 $\boldsymbol{C}$，计算过程如式（8-1）所示，其中 e 为一个误差项。

$$\boldsymbol{C} = S1^{-1}(WM + e) \tag{8-1}$$

步骤 4：智能监控设备根据数据采集阶段获取的敏感区域的坐标信息，对视频数据中的敏感区域进行定位。随后，智能监控设备利用步骤 3 获取的矩阵 $\boldsymbol{C}$、视频帧中敏感区域对应的矩阵运行 DNA 加密算法，从而遮蔽视频帧中包含敏感信息的区域。

步骤 5：智能监控设备发送图文图像给云服务器。

（2）解密。数据中心利用密钥 $S1$ 及 $S2$ 执行整数向量同态加密算法中的解密算法计算矩阵 $\boldsymbol{C}$。数据中心执行 DNA 加密算法中的解密算法获得去遮蔽后的图像。

8.4 实验和对比

8.4.1 实验结果

在智慧家居监控视频隐私保护模型的实验中，本节利用了 Python 编程语进行实现。实现环境在具有 2.3GHz 处理器的 Windows 10 上执行。其中，以三张经典的灰度图像作为实验的对象。实验原图的大小、图像名称以及敏感信息的区域大小如表 8-2 所示。

表 8-2 模型中选用的实验图像及敏感区域的尺寸

图片名称	加密图尺寸（像素）	敏感区域尺寸（像素）
Barbara	512×512	304×512
AL	512×512	242×324
Lena	512×512	110×36

在本节中以三张人像图像对本研究提出的模型进行实验，实验图像如图 8-2 所示。其中，图 8-2（a）为原始的实验图像；图 8-2（b）为遮蔽了敏感区域的图像；图 8-2（c）为去除了“遮蔽膜”后的图像。

为了更加直观地展示本研究提出的模型对敏感区域中隐私信息的遮蔽效果，模型中选用实验图像中未经遮蔽处理的敏感区域部分的图像、经过遮蔽操作后的

Lena AL Barbara

(a)

(b)

(c)

图 8-2 原始图像加密及原始图像解密效果图

（a）原始图像；（b）敏感区域遮蔽图像；（c）去除遮蔽图像

敏感区域图像及去除“遮蔽膜”后的敏感区域图像分别由图 8-3（a）~（c）所示。

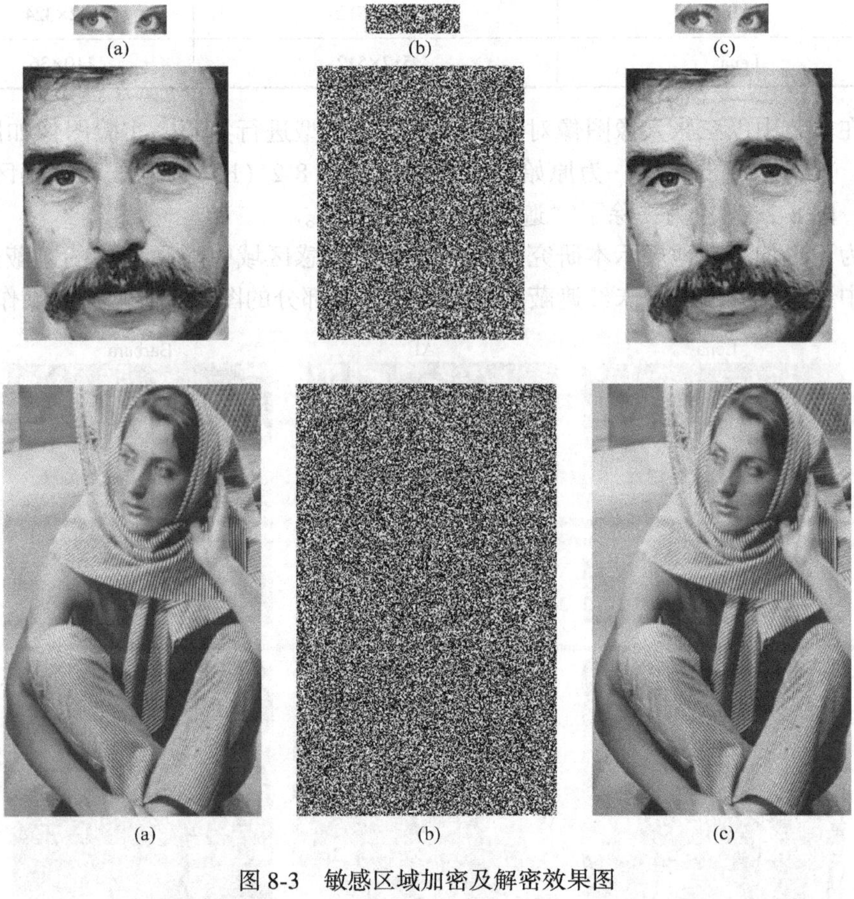

(a)　　(b)　　(c)

图 8-3 敏感区域加密及解密效果图

（a）敏感区域原始图像；（b）敏感区域遮蔽图像；（c）去除遮蔽图像

由图 8-2 和图 8-3 可知，在经过了遮蔽处理以后的图像中，人眼无法识别敏感信息区域所在的任何内容。然而图像中没有经过任何处理的非敏感信息区域仍然与原始图像中的内容保持一致，这表明提出的遮蔽算法能够满足用户动态适应性的隐私保护要求，并表现出了较好的灵活性。

8.4.2 灰度直方图分析

灰度直方图能够直观地对图像中相应的像素色调的分布情况进行评估。在灰度直方图中，x 与 y 两个坐标轴能够表示相应强度级别的像素个数。图 8-4 展示了所选用的三张实验图像的原始图像、没有经过遮蔽处理的原始图像中包含敏感信息区域的图像以及进行遮蔽处理后的敏感信息区域对应的灰度直方图。如图 8-4

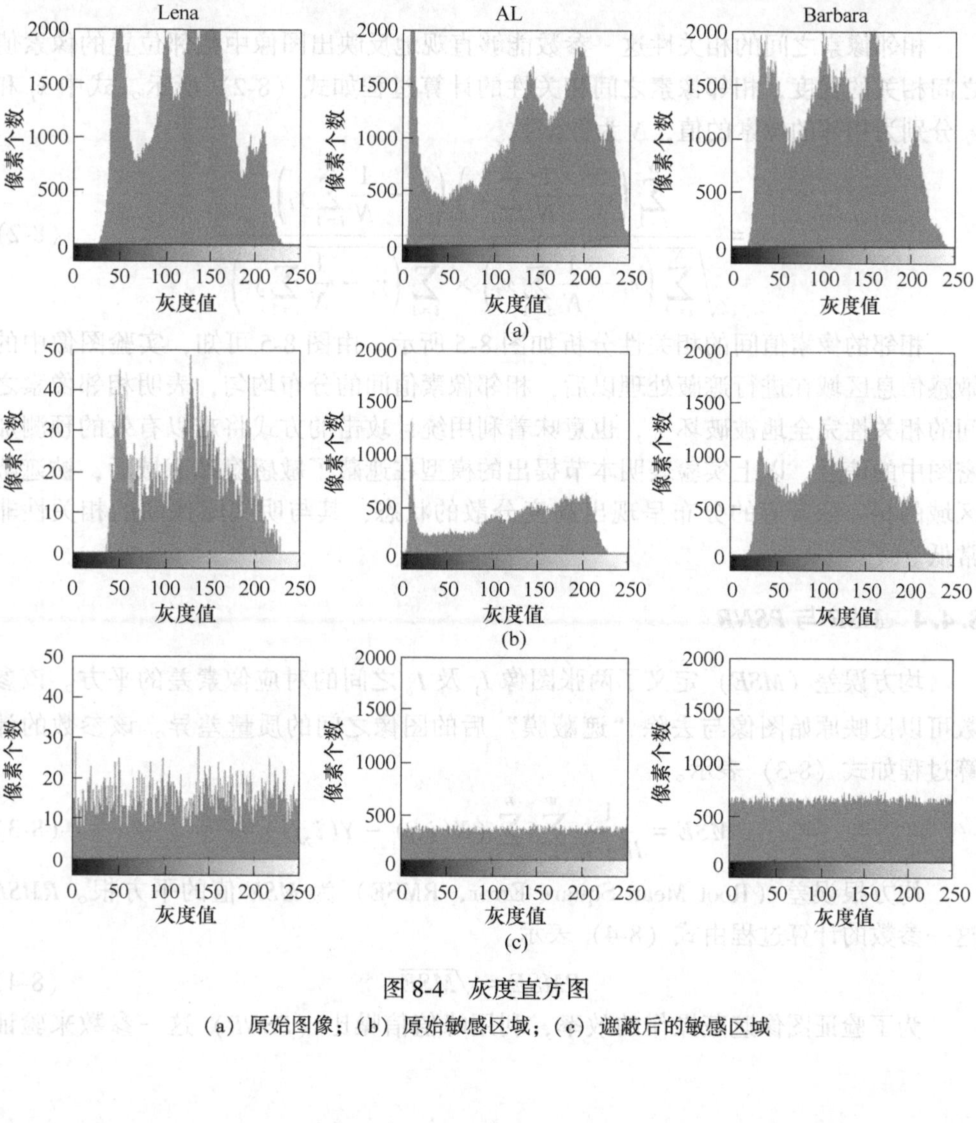

图 8-4 灰度直方图

（a）原始图像；（b）原始敏感区域；（c）遮蔽后的敏感区域

所示，原始图像的直方图的分布情况呈现出不均匀分布的形态，表明原始图像中像素表现出了较高的关联性，符合原始图像中应有的像素的分布特征；原始图像的敏感区域的直方图的分布形态呈现出不均匀的分布的形态，表明原始图像中像素表现出了较高的关联性，符合原始图像中应有的像素的分布特征；经过掩蔽处理后的敏感区域图像的像素的分布呈现出近乎是均匀的状态，表明经过掩蔽操作处理后敏感区域是混沌的，各个像素之间表现出的关联性较差，人眼无法有效地分辨出图像中的内容；由灰度直方图 8-4 可知，经过遮蔽处理后的图像无法泄露图像中的隐私信息，这表明遮蔽算法符合智慧家居环境中，图像隐私保护的安全性要求。

8.4.3 相关性分析

相邻像素之间的相关性这一参数能够直观地反映出图像中相邻位置的像素值之间相关的程度，相邻像素之间相关性的计算过程如式（8-2）所示。式中 x_i 和 y_i 分别为相邻的像素的值，N 为像素数。

$$c = \frac{\sum_{i=1}^{N}\left(x_i - \frac{1}{N}\sum_{i=1}^{N}x_i\right)\left(y_i - \frac{1}{N}\sum_{i=1}^{N}y_i\right)}{\sqrt{\sum_{i=1}^{N}\left(x_i - \frac{1}{N}\sum_{i=1}^{N}x_i\right) \times \sum_{i=1}^{N}\left(y_i - \frac{1}{N}\sum_{i=1}^{N}y_i\right)}} \tag{8-2}$$

相邻的像素值间的相关性分析如图 8-5 所示。由图 8-5 可知，实验图像中的敏感信息区域在进行遮蔽处理以后，相邻像素值间的分布均匀，表明相邻像素之间的相关性完全地被破坏了，也意味着利用统计攻击的方式将难以有效的预测加密图中的信息。以上实验表明本节提出的模型在遮蔽了敏感隐私区域后，被遮蔽区域的相邻像素值的分布呈现出高度分散的状态，其与明文图像间的相关性非常低。

8.4.4 *MSE* 与 *PSNR*

均方误差（*MSE*）定义了两张图像 I_1 及 I_2 之间的对应像素差的平方。该参数可以反映原始图像与去除“遮蔽膜”后的图像之间的质量差异。该参数的计算过程如式（8-3）表示。

$$MSE = \frac{1}{H \cdot W}\sum_{i=1}^{W}\sum_{j=1}^{H}(X(i,j) - Y(i,j))^2 \tag{8-3}$$

均方根误差（Root Mean Square Error，RMSE）为 *MSE* 值的平方根。*RMSE* 这一参数的计算过程由式（8-4）表示。

$$RMSE = \sqrt{MSE} \tag{8-4}$$

为了验证图像遮蔽操作的效率，利用峰值信噪比（*PSNR*）这一参数来验证

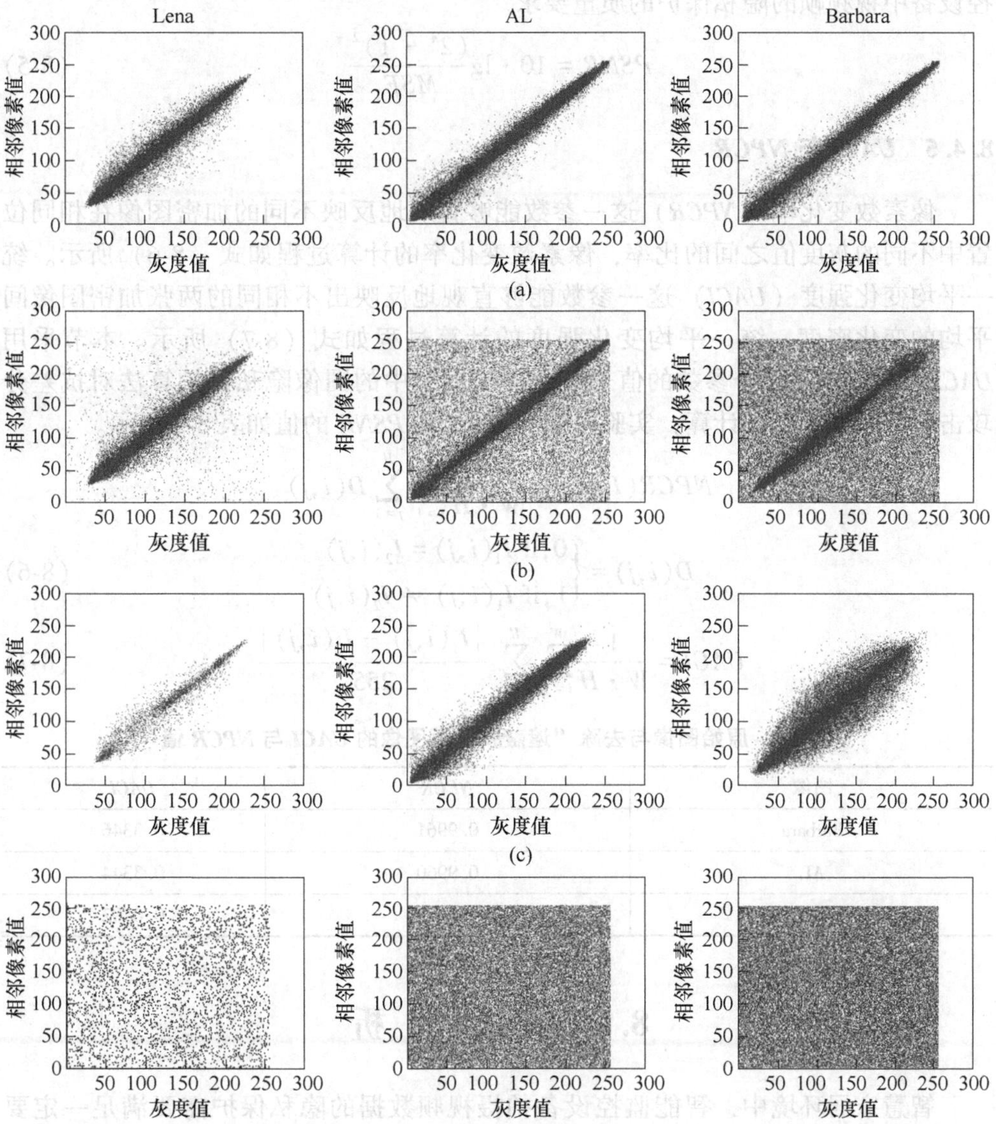

图 8-5 相邻像素值的相关分析

（a）原始图像；（b）敏感区域遮蔽图像；（c）敏感区域；（d）被遮蔽的敏感区域

敏感区域去除遮蔽后的图像质量，*PSNR* 的计算过程如式（8-5）所示。计算得到的 *PSNR* 值越大，则去除“遮蔽膜”以后的图像的质量越高。通过计算，实验图像的 *PSNR* 的值为无穷大。计算结果表明去除“遮蔽膜”后的图像的质量与未经任何处理的原始图像的质量保持一致。因此，本研究提出的模型能够满足智慧监控设备中视频帧的隐私保护的质量要求。

$$PSNR = 10 \cdot \lg\frac{(2^n - 1)^2}{MSE} \tag{8-5}$$

8.4.5　*UACI* 与 *NPCR*

像素数变化率（*NPCR*）这一参数能够直观地反映不同的加密图像在相同位置中不同的灰度值之间的比率，像素数变化率的计算过程如式（8-6）所示。统一平均变化强度（*UACI*）这一参数能够直观地反映出不相同的两张加密图像间平均的变化密度，统一平均变化强度的计算过程如式（8-7）所示。本节采用 *UACI* 于 *NPCR* 这两个参数的值来评价提出模型中的图像隐私保护算法对抗差分攻击时的强度。经过计算，实验图像的 *UACI* 和 *PSNR* 的值如表 8-3 所示。

$$NPCR(I_1,I_2) = \frac{1}{W \cdot H}\sum_{i=1}^{W}\sum_{j=1}^{H} D(i,j)$$

$$D(i,j) = \begin{cases} 0, \text{if } I_1(i,j) = I_2(i,j) \\ 1, \text{if } I_1(i,j) \neq I_2(i,j) \end{cases} \tag{8-6}$$

$$UACI = \frac{1}{W \cdot H}\sum_{i=1}^{W}\sum_{j=1}^{H} \frac{|I_1(i,j) - I_2(i,j)|}{255} \tag{8-7}$$

表 8-3　原始图像与去除“遮蔽膜”后图像的 *UACI* 与 *NPCR* 值

图像	*NPCR*	*UACI*
Barbara	0. 9961	0. 3346
AL	0. 9960	0. 3344
Lena	0. 1503	0. 0502

8.5　安 全 分 析

智慧家居环境中，智能监控设备拍摄视频数据的隐私保护需要满足一定要求，这些要求前文中进行了介绍。在安全性方面利用实验的结果以及现有的安全性分析要求对 MSAI 模型中使用的“遮蔽膜”算法进行了相应的证明。同时，本研究对所提出模型的安全性进行分析。

（1）数据的保密性。

在智慧家居监控视频隐私保护模型中可以有效地防止合谋攻击与主动攻击。具体如下：

1）合谋攻击。假设云服务器与恶意用户发生合谋，恶意用户能够获得“遮蔽膜”密钥 *S*1。此时，恶意用户无法获得密钥 *S*2，因此在公开信道上传输的密文图像无法恢复成明文图像。所以该模型可以有效地防止合谋攻击，从而保护图像中的隐私信息。

2）主动攻击。假设云服务器与物联网摄像设备之间的通信通道被攻击。由于恶意用户无法获取密钥，更无法获取敏感信息所处的位置，被屏蔽的视频帧无法恢复。这能够有效地抵御主动攻击，从而保护图像中的隐私信息。

（2）隐私的保密性。实验表明，密文图像是足够混乱的，各个像素之间的关联性较差，人眼无法分辨图像中敏感区域中的隐私信息，因此可以保证数据的保密性。

8.6 本章小结

智慧家居环境中，为了防止安防监控视频在上传至云服务器时泄露用户的隐私信息，提出了一种智能监控视频中的隐私保护模型。该模型主要由数据的采集与预处理以及遮蔽算法两部分构成。在数据的采集与预处理这一部分中，使用者能够预先按照其隐私的需要对图像中的隐私标签进行设置。在遮蔽算法这一部分中，在智能监控设备上完成了 YOLO v5 算法的部署。首先，根据使用者预先设定的隐私选项，YOLO v5 算法能够完成图像中的隐私区域的识别任务，并将识别出的区域的大小信息发送给云服务器。其次，云服务器基于 Logistic 映射算法生成“遮蔽膜”并将其发送给智能监控设备。最后，智能监控设备利用整数向量同态加密算法与 DNA 加密算法遮蔽图像中的隐私区域，从而实现智能监控设备中视频数据的隐私保护。

该模型不仅充分的考虑了智能监控设备是一种计算、存储资源受限设备的特点，模型中采用的加密算法是轻量的，并且本模型充分地利用了云服务器辅助智能监控设备进行加密的计算工作，从而有效地降低了本地的计算负担，并且云服务器无需完全可信。提出的模型考虑到用户基于不同场景中所需的隐私服务是不同的这一特点，提供给用户一种自适应的监控视频隐私保护策略。该模型在保证数据可用性的同时保护用户的隐私信息。本章基于智慧家居的环境进行了仿真实验。通过实验，模型中的视频帧隐私保护算法在多个方面都能够达到用户隐私保护的要求。

9 基于 GAN 的航拍图像隐私处理研究

9.1 相关理论基础

9.1.1 生成对抗网络

生成对抗网络（GAN）是由 Goodfellow 等[101]在 2014 年提出的一种无监督学习网络模型，是当前人工智能领域最受关注的模型之一。由于 GAN 具有较强的可扩展性，在各个邻域均具有不错的应用成绩。GAN 的结构如图 9-1 所示，其主要思想是在传统的生成器 G 的网络基础上增加一个判别器网络模型 D，使得两者之间进行一个最大最小游戏。对于判别器 D 而言，通过将真实样本集 x 以及生成器 G 生成的假数据训练判别器 D，使其能够区分真实样本和生成样本；对于生成器 G 而言，其主要功能是尝试获取真实样本集的联合概率分布并生成接近该分布的样本，使得判别器 D 无法区分数据样本的真实性。判别器 D 的训练目的是使其区分样本真假的概率最小化，而生成器 G 的训练目的是使得 D 犯错概率最大化。理想情况下，两个网络相互竞争，直到达到平衡点，称为纳什均衡。此时，由生成器 G 生成的数据与真实数据十分接近，而判别器 D 无法区分该数据是真实数据还是由 G 产生，因此，D 给出 50%的可信度判断。

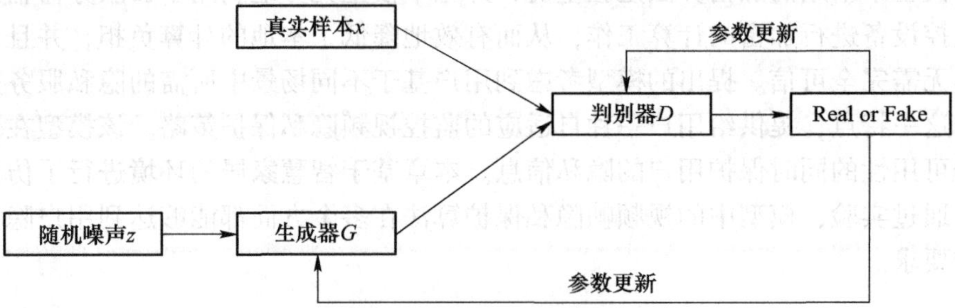

图 9-1 GAN 网络结构图

为了让生成器 G 从真实数据集中学习未知的概率分布 $P_{data}(x)$，首先必须给出遵循先验噪声分布 $P_z(x)$ 的低维噪声矢量 z，接着，生成器将其映射到高维空间输出 $G(z)$。生成器的输入包括真实数据集的样本 x 和生成器的输出结果 $G(z)$。判别器的训练目标是尽可能区分真实样本以及生成样本。训练损失函数表达式如式（9-1）所示：

$$\min_{G}\max_{D} L_{GAN}(G,D) = E_{x\sim P_{data}}[\ln D(x)] + E_{z\sim P_z(z)}[1-\ln D(G(z))] \quad (9\text{-}1)$$

式中，E 为数学期望；x 为真实数据样本；$D(x)$ 为 x 通过判别器区分为真实样本的概率；z 为低维噪声矢量；$G(z)$ 为生成器根据噪声矢量生成的生成样本；$D(G(z))$ 为判别器区分生成样本为真实样本的概率；判别器的训练目标是 $D(G(z))$ 越接近与 1，使得 $L_{GAN}(G,D)$ 的值越小。

与其他生成网络模型相比，GAN 模型能够产生更加真实的生成样本。然而，GAN 也存在一些不足，如训练 GAN 模型时生成器和判别器需要达到纳什均衡；GAN 模型对于生成离散的数据具有一定难度；为了尽快达到训练效果，生成器会偏向于生成简单的样本。

9.1.2 自编码器与 U-Net

自编码器（Auto-Encoder，AE）是一种简单的无监督全连接神经网络，它从一组未标记的数据样本中学习训练，实现输入到输出的重构[102]。当前，AE 已用于许多应用，如降维、特征提取、图像压缩和检索、机器翻译等。

AE 由两个神经部分组成，由 θ 参数化的编码器 f_θ 将输入样本映射为潜在表示，实现样本压缩以及降维，再由 ϕ 参数化的解码器 g_ϕ 从潜在表示映射重建为期望输出，实现输入样本的复现，自编码器结构如图 9-2 所示。假设 x、h 和 x' 分别表示为原始输入样本，潜在表示以及重构输出样本。编码函数表示成 $h=f_\theta(x)$，解码函数表示成 $x'=g_\phi(h)$，完整的自编码器可以表示成 $g_\phi(f_\theta(x))=x'$，期望目标为重构输出样本 x' 接近原始输入样本 x。

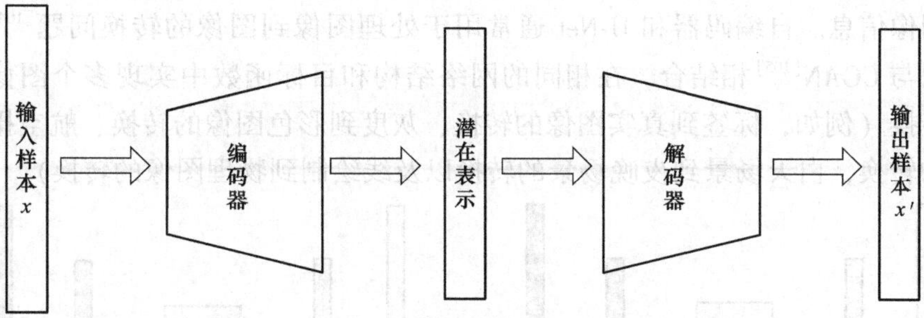

图 9-2 简易自编码器结构

U-Net 是一种用于图像分割的神经网络架构，与自编码器结构类似，也是编码器-解码器结构，由于其出色的图像处理能力，已被广泛应用于卫星图像分割、工业瑕疵检测等方向[103]。如图 9-3 所示，图像输入以后，编码器部分利用池化层进行连续的下采样，每次下采样包括两个连续的 3×3 卷积层、一个 ReLU 激活函数以及一个最大化池（Max Pool）。每次下采样会增加一倍通道数。解码器部分利用 2×2 反卷积层进行连续的上采样，还包括一个 ReLU 激活函数以及两个连续 3×3 卷积层。每步上采样的同时利用跳跃连接（Skip Connection）与编码器对应层的特征图进行通道上的融合。

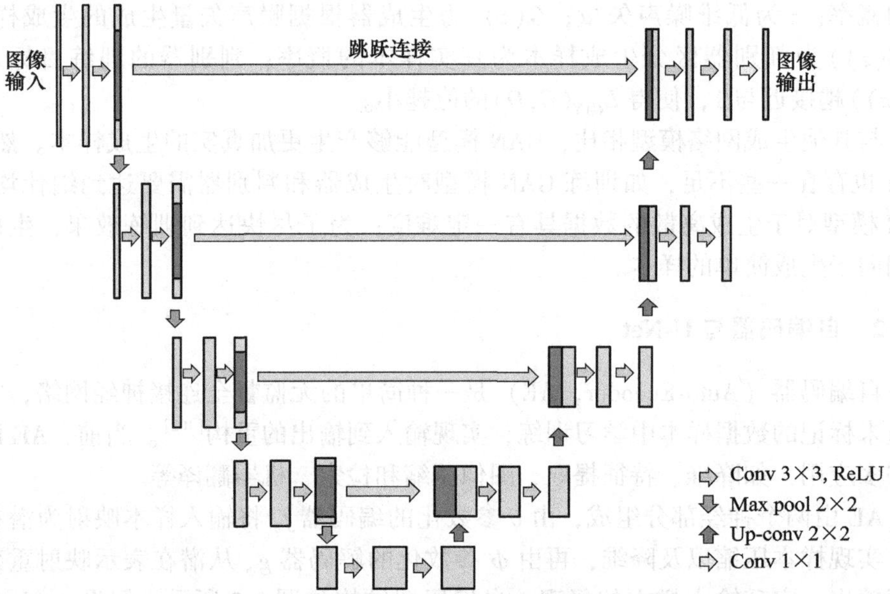

图 9-3　U-Net 结构图

自编码器和 U-Net 的结构对比如图 9-4 所示，两者均为典型的编码-解码结构，U-Net 在上采样过程中增加了跳跃连接的步骤，在上采样过程中能够更好地还原图像信息。自编码器和 U-Net 通常用于处理图像到图像的转换问题[104]，它们可以与 CGAN[105] 相结合，在相同的网络结构和目标函数中实现多个图像到图像的转换（例如，标签到真实图像的转换、灰度到彩色图像的转换、航空摄影到地图的转换，白天场景到夜晚场景的转换以及线绘制到物理图像的转换）。

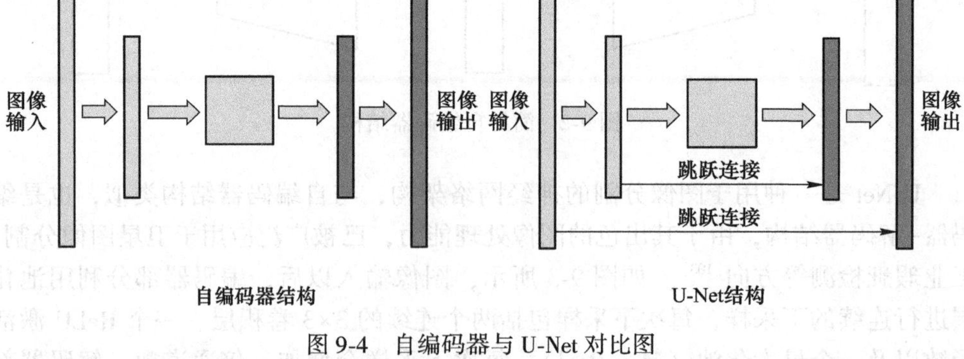

图 9-4　自编码器与 U-Net 对比图

9.2 模型整体框架

为了实现隐私保护，本书的目标是将输入图像相关背景信息去除其隐私特征信息，转换为生成图像的一般化信息。本书研究的模型框架如图 9-5 所示。图像处理前，首先应该确定图像中的背景信息区域。YOLO[106]是一种基于深度神经网络的对象识别和定位算法，其最大的特点是运行速度非常快、定位精度高，可以应用于实时性要求较高系统。对于给定图像，YOLO[107]可以识别目标对像并定位目标对象在图像中的相应位置（包含目标对象的矩形框）。在本章中将采用 YOLO v4 定位航拍图像中目标对象的位置，图像中的其他区域可以定义背景信息，包含实用信息和隐私信息（例如地理、环境、旁观者等）。事实上，图像中的任何信息都需要按照用户的要求实现隐私保护。

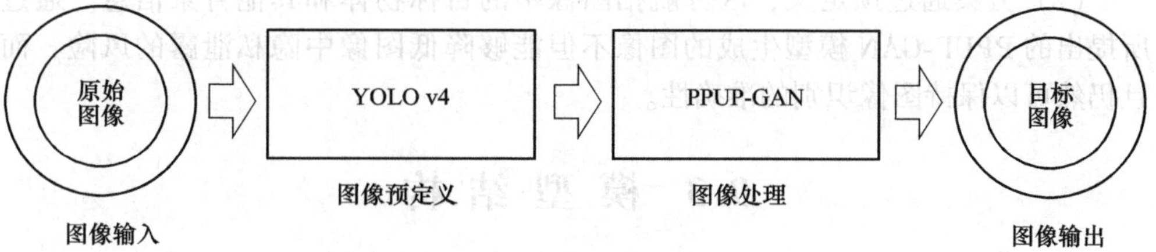

图 9-5 模型整体框架

9.2.1 PPUP-GAN 的特性

为了在保持无人机航拍实用性的同时保护隐私，本章提出的 PPUP-GAN 方法将图像信息定义成两种，包括实用特征信息以及隐私特征信息。

（1）实用特性。在航拍照片中，除了感兴趣的对象外，还需要背景中的一些实用信息来描述主体周围的环境，以帮助分析主体。这些实用信息通常是尺寸较大且不易更改的对象，例如道路、森林、水域、建筑物等。简单地裁剪、覆盖或像素化背景会导致很多实用信息的丢失，不利于拍摄目标主体的分析。然而，直接保留实用信息而不进行处理可能会暴露主题目标的精确地理位置、商业用途等信息。

（2）隐私特性。一些旁观者不可避免地会出现在真实的航拍图像中，这些旁观者通常是小而不断变化的物体，例如车辆、行人、广告牌等。旁观者的信息通常对分析对象没有帮助，但可能会泄露旁观者自身的隐私信息，例如面部信息、车辆数据等。因此，应尽可能消除隐私信息。

9.2.2 PPUP-GAN 的目标

不同于简单的图像到图像的转换，PPUP-GAN 主要为实现以下三个目标：

（1）生成尽可能逼真的合成图像。

（2）保持目标对象的识别精度和背景的实用性。

（3）降低相关背景的冗余隐私信息识别精度。

9.2.3　PPUP-GAN 的创新点

为了实现这些目标，已经有许多研究采用 CGAN 模型处理图像转换。然而，现有的方法均不足以同时满足上述三个目标。在 PPUP-GAN 模型中，我们将图像中的实用信息和隐私信息分开处理，并以不同的方式实现。为此，建立了两个判别器 D_1 和 D_2 分别为实用特征和隐私特征服务，并结合生成器 G 达到上述目标，主要创新点总结如下：

（1）面对无人机在安全和隐私领域的挑战，为航拍图像提供了一种隐私保护方案。该方案可以被视为无人机航拍的隐私特征和实用特征之间的一种有效折中方法。

（2）方案通过预定义，区分航拍图像中的目标物体和其他背景信息。通过所提出的 PPUP-GAN 模型生成的图像不但能够降低图像中隐私泄露的风险，而且仍然可以保持图像识别的准确性。

9.3　模 型 结 构

9.3.1　PPUP-GAN 模型细节

本章提出的 PPUP-GAN 模型仍然采用传统的 GAN 模型，通过生成器和判别器的最小-最大博弈实现网络优化。不同的是，我们的目标是在处理图像背景信息中的隐私特征的同时还保留其实用特征，因此，PPUP-GAN 模型由两个不同的判别器 D_1 和 D_2 以及一个生成器 G 组成，D_1 为实用特征服务，D_2 为隐私特征服务，模型的具体细节如图 9-6 所示。

在训练阶段，提供了一个图像 y 作为每个原始图像 x 的标签，y 的主要作用是标记出图像 x 中实用信息部分的轮廓。生成器 G 将原始图像 x 转化为目标图像 x'，然后将原始图像 x 或目标图像 x' 与标签 y 组合，输入到 D_1 和 D_2 中进行判别。判别器 D_1 的功能与传统 GAN 模型中的判别器一致，主要负责判断接收到的图像是否真实并保留实用信息。而判别器 D_1 承担起判别图像是否消除了隐私信息的责任。最终在推理阶段，只有原始图像 x 作为训练生成器的输入，无需再提供标签 y。PPUP-GAN 中的生成器与判别器具体的设计细节描述如下：

（1）生成器。图像到图像转换的基本思想是在输入图像和输出图像之间执行像素到像素之间的转换。为了保持图像语义的相似性和完整性，需要保证输出图像与输入图像相似。U-Net 结构已经被证明能够清晰地还原图像的有效网络，本研究基于 U-Net 结构设计生成器。

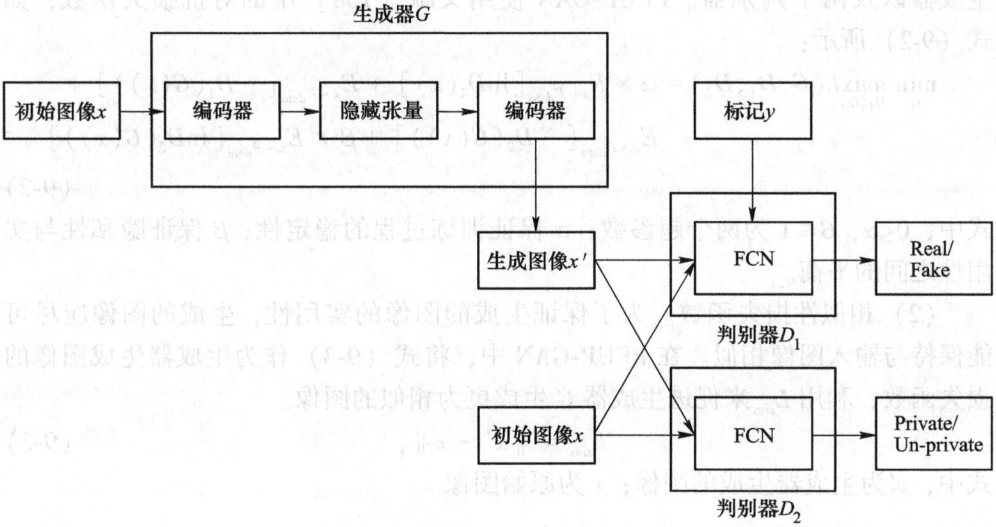

图 9-6 PPUP-GAN 流程框图

生成器 G 由编码器和解码器组成，其中编码器的主要任务是将输入图像压缩到中间隐藏张量，解码器需要从中间隐藏张量重建图像。具体来说，编码器通过连续地下采样将输入图像压缩为低维度张量，解码器通过连续地上采样将张量重建为具有原始分辨率的目标图像。在编码器和解码器地对应层之间增加一个跳接连接，即编码器中每一层的特征图与解码器对应层的特征图拼接。此外，通过执行复制和裁剪操作，能够在输出图像中保留更多的边界信息。与传统的基于 CGAN 的方法不同，本书提出的 PPUP-GAN 中的生成器不要额外的标签作为输入。在最终的推理阶段，仅提供原始图像，生成器便可执行图像到图像的转换。

（2）判别器。与大多数配备单一判别器的 GAN 网络相比，PPUP-GAN 网络设计了两个判别器，D_1 和 D_2，它们分别负责不同的信息判断。D_1 不仅负责判断输入图像是否真实，还负责判断是否保留了图像的实用性。D_2 负责判断输入图像是否完成隐私处理。事实上，D_1 和 D_2 具有相同的结构。D_1 收到待判别的图像 $\tilde{x}$ 以及标签 y，D_2 只收到 $\tilde{x}$ 作为输入，$\tilde{x}$ 可以为 x 或 x'。换言之，$\tilde{x}$ 是真实原始图像或是由生成器生成的图像。

9.3.2 目标函数设计

主要介绍 PPUP-GAN 模型中的目标函数设计。在 PPUP-GAN 中目标函数由两部分组成，包括对抗性损失函数以及相似性损失函数。

（1）对抗性损失函数。为了生成所需的图像，使用两个鉴别器来指导生成器的训练。整个训练过程为三个参与者之间的最大-最小博弈训练过程，即一个生成器以及两个判别器。PPUP-GAN 使用文献［108］中的对抗损失函数，如式（9-2）所示：

$$\min_{G}\max_{D_1,D_2} L(G,D_1,D_2) = \alpha \times E_{x\sim P_{data}}[\ln D_1(x)] + E_{x\sim P_{data}}[-D_1(G(x))] + E_{x\sim P_{data}}[-D_2(G(x))] + \beta \times E_{x\sim P_{data}}[\ln D_2(G(x))] \tag{9-2}$$

式中，$0<\alpha$，$\beta\leqslant 1$ 为两个超参数；α 保证训练过程的稳定性；β 保证隐私性与实用性之间的平衡。

（2）相似性损失函数。为了保证生成的图像的实用性，生成的图像应尽可能保持与输入图像相似。在 PPUP-GAN 中，将式（9-3）作为生成器生成图像的损失函数，利用 L_{sim} 来促进生成器 G 生成更为相似的图像。

$$L_{sim} = \| x' - x \|_1 \tag{9-3}$$

式中，x' 为生成器生成的图像；x 为原始图像。

9.3.3　PPUP-GAN 网络结构

本章提出的 PPUP-GAN 网络中的生成器和判别器均是基于 Isola 等人的方法构建。网络的每一层都包括卷积/反卷积、批标准化，以及 LeakyReLU/ReLU 激活函数。特别是，批标准化用于将输入标准化为零平均值和单位标准偏差。生成器的编码器拥有 8 个全卷积层，滤波器大小为 4×4。除了第一层，每一层均有 LeakyReLU 函数以及批标准化。解码器的结构除了 ReLU 激活函数，其余均与编码器的结构相反。两个判别器具有相同的结构，因此，我们将两者合并叙述。判别器均是全卷积网络，且都包含 5 个卷积层。两个判别器的滤波器的大小为 4×4。表 9-1 展示了 PPUP-GAN 的网络结构。

表 9-1　PPUP-GAN 网络结构

层	编码器	解码器	判别器
1	4×4×64conv，LeakyReLU	4×4×512deconv，B_N，ReLU	4×4×64conv，LeakyReLU
2	4×4×128conv，B_N，LeakyReLU	4×4×512deconv，B_N，ReLU	4×4×128conv，B_N，LeakyReLU
3	4×4×256conv，B_N，LeakyReLU	4×4×512deconv，B_N，ReLU	4×4×256conv，B_N，LeakyReLU
4	4×4×512conv，B_N，LeakyReLU	4×4×512deconv，B_N，ReLU	4×4×512conv，B_N，LeakyReLU
5	4×4×512conv，B_N，LeakyReLU	4×4×256deconv，B_N，ReLU	4×4×1conv，sigmoid

续表 9-1

层	编码器	解码器	判别器
6	4×4×512conv，B_N，LeakyReLU	4×4×128deconv，B_N，ReLU	
7	4×4×512conv，B_N，LeakyReLU	4×4×64deconv，B_N，ReLU	
8	4×4×512cov，B_N，LeakyReLU	4×4×3 deconv，B_N，ReLU	

9.4 实验评估以及安全性分析

通过对真实数据进行实验来评估提出的 GAN 网络模型的图像处理效果。实验结果表明，本研究提出的 PPUP-GAN 网络模型表现良好。

（1）数据集。实验采用文献［109］中的无人机航拍数据集来探索本文提出的 PPUP-GAN 模型在不同场景中的有效性和鲁棒性。该数据库是从无人机拍摄的 10h 原始视频中选择的，大约有 80000 个代表性帧。

（2）安全对抗性模型。假设攻击者可以从无人机相机获取原始拍摄数据。攻击者通过各种方式获取航拍照片，进行特征提取和物体检测，推断受害者的私人信息。为了避免过度的隐私泄露，最重要的是防止从背景信息中提取特征和检测旁观者。在实验中，保持目标对象不变，将背景区域进行转换，以消除隐私信息并保留实用信息。

9.4.1 实验评估

本实验设计为两个步骤进行。首先，利用 YOLO v4 网络在原始图片中预定义出目标对象区域；然后，将经过预定义的图片输入 PPUP-GAN 网络进行背景转换。

图 9-7~图 9-9 分别展示了在湖泊、公路、森林等场景下的航拍图像经 PPUP-GAN 处理以后的样例结果。图 9-7（a）、图 9-8（a）和图 9-9（a）分别展示了无人机从空中拍摄的三张对地图像，在这些图像中，无人机操作员拍摄所需的目标物体被框在一个红色框中，其余的是不必要的背景信息。我们保留所有目标对象信息以确保其可用性。对于背景部分的信息，将图像进行转换，将背景部分的隐私特征去除（如车辆，船舶等），转换成一般化信息，保留主要信息（例如道路，水等）的可识别性。

图 9-7（b）、图 9-8（b）和图 9-9（b）分别展示了经过 PPUP-GAN 处理以

后的合成图像，可以看到在处理后图像的红框中完全保留了目标对象的信息。对于背景信息，PPUP-GAN 去除了主要隐私特征信息使其一般化，同时将其转换为地图信息，使其在隐私处理以后仍然能够为目标对象的分析服务。

在实际的攻击场景中，攻击者通常使用物体检测技术检测图像中的相关旁观者信息。为了评估 PPUP-GAN 的隐私保护能力，我们使用对象检测来检测处理后图像中的旁观者的识别精度。最后将我们的方法的识别精度与经 Pix2pix 以及 CGAN 处理后的图像进行比较，比较结果如表 9-2 所示。结果表明经 PPUP-GAN 处理后，背景信息中的旁观者信息的平均识别精度最低。

(a)　　(b)

图 9-7　湖泊场景结果图

（a）原始图像；（b）合成图像

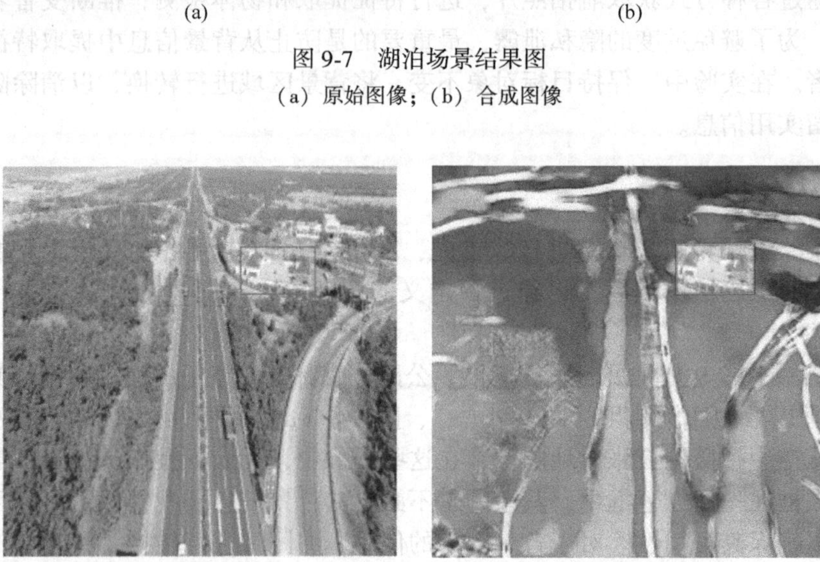

(a)　　(b)

图 9-8　公路、树林场景结果图

（a）原始图像；（b）合成图像

(a)

(b)

图 9-9 平原场景结果图

（a）原始图像；（b）合成图像

表 9-2 不同方法处理后图像的平均识别精度 （%）

方案	原始图片	CGAN 处理后	Pix2pix 处理后	PPUP-GAN 处理后
识别精度	71.75	15.38	21.23	10.50

实验同样以 CGAN 和 Pix2pix 为比较基准，进行了 FCN 值的比较。FCN 值是图像到图像转换任务中广泛使用的指标，包括像素精度和交并比（Intersection over Union，IoU）两个关键指标[110]。FCN 值能够以数值形式来量化模型删除隐私信息和保留实用信息的能力。我们将 FCN 值评估划分为三个部分：目标对象，实用性相关对象以及隐私保护对象。为了实现 9.2 节中提出的三个目标，目标对象以及实用信息相关对象的像素精度和交并比数值必须尽可能大，而隐私对象的像素精度和交并比数值必须尽可能小。

表 9-3 展示了 PPUP-GAN 以及 CGAN 和 Pix2pix 对于图像不同部分的像素精度以及交并比。从表中可以看到，使用 PPUP-GAN 方案的图像转换的目标对象精度以及实用性相关对象精度的 FCN 数值更高，而隐私对象精度的 FCN 的精度更低。这表明，PPUP-GAN 相比于另外两个方案，能够更有效去除图像中的隐私信息，使得图像中冗余隐私信息的识别精度更低，同时更有效地保留了目标对象以及实用性相关对象的信息。对于 IoU 值，我们可以看到 PPUP-GAN 能够实现目标对象以及实用性相关对象的 IoU 值与另外两个基准方案基本保持一致的同时，做到隐私对象的 IoU 值更低。这同样意味着 PPUP-GAN 能够更有效地降低图像中的隐私信息的同时保留图像的实用性。

表 9-3　PPUP-GAN 以及 CGAN 和 Pix2pix 的 FCN 值　　（%）

属性	PPUP-GAN	CGAN	Pix2pix
目标对象精度	76.56	48.70	58.30
实用性相关对象精度	50.67	42.32	56.24
隐私对象精度	8.07	35.06	42.13
目标对象 IoU	21.34	16.55	20.25
实用性相关对象 IoU	17.21	16.08	17.25
隐私对象 IoU	3.70	11.18	16.81

9.4.2　实用性和隐私性分析

本章所提出模型的主要目的是实现航拍图像中隐私信息的保护和实用信息的留存。不同于传统的 GAN 模型，提出的模型是由两个不同的判别器组和一个图像生成器组成的。不同于其他图像转换方案，由 PPUP-GAN 生成的图像不仅可以保持 CGAN 的图像转换识别精度，还可以降低冗余隐私相关背景的识别精度。关于图像最终的实用性以及隐私性的分析如下：

（1）实用性。在 PPUP-GAN 模型中，判别器 D_1 的主要职责是确保生成的图像符合真实图像的分布。同时，我们还融合了 CGAN 模型的原理，以便将实用特征用作判别图像是否保留实用信息的附加条件。因此，PPUP-GAN 生成的图像能够保留原始图像数据的实用性。如图 9-9 所示，合成图像不仅保留了无人机操作员最关心的拍摄目标对象的信息，还将背景信息转换为地图信息，以提高生成图像的实用性。综上，PPUP-GAN 生成的图像可以继续用于图像分析、对象检测和数据挖掘，即保留了图像的实用性。

（2）隐私性。在 PPUP-GAN 模型中，我们设计的判别器 D_2 用于判别图像是否仍具有隐私特征。对于经过预定义的图像，相关背景中的隐私信息的像素精度应当低于参考标准，这意味着恶意攻击者无法识别特定像素上的对象，从而降低背景信息中的冗余隐私的识别精度。基于图像到图像的转换，背景信息中的内容被转换成一般化的地图。变换后的图像去除了攻击者无法恢复的隐私相关信息。通过此变换，不仅保留了地形、河流和桥梁等地理信息，还保护了与船只和路人有关的私人信息。因此，最终合成的图像保护了背景信息的冗余隐私。

9.4.3　安全性分析

主要对 PPUP-GAN 抵御模型逆向攻击的能力进行分析。

模型逆向攻击通常用于推断深度学习模型的输入数据特征。在许多情况下，原始图像中的隐私信息可以通过模型反转攻击获得。我们从两个角度分析了所提出的模型对模型反转攻击的鲁棒性。

（1）提出模型的生成器没有精确的逆函数。PPUP-GAN 的生成器是一种“编码器—解码器”结构，它将输入图像映射到比输入尺寸小的隐藏空间。生成器中存在多对一的映射关系，意味着不存在生成器的逆函数。因此，恶意攻击者难以构建能够准确恢复输入图像的逆模型。

（2）尽管攻击者无法获得模型精确的逆函数，但他们可以通过逆卷积网络等方法近似其逆映射。然而，这种方法需要攻击者获取更多的模型信息，例如权重和训练数据集。提出的实用模型只是一个实验实例，而在实际应用中，通常不公开模型权重和训练数据集（即使在公共数据集上预先训练的模型，在实施之前也总是在其他数据集上进行微调）。如果没有附加信息，很难恢复输入图像的细节，因此无法从中挖掘私人信息。此外，本章中的生成器通过与鉴别器的对抗性训练进行了优化。即使生成器权重被泄露，它保护隐私的能力仍然可以通过这种对抗性训练来更新。因此，PPUP-GAN 模型能够有效地抵御模型逆向攻击。

9.5 本章小结

无人机航拍技术的发展改变了传统地面相机拍摄角度、空间等受限的弊端，为获取更加全面的图像信息提供了有效途径，然而其带来的隐私安全问题也不容小觑。为解决航拍图像中的隐私问题，创新性地从拍摄图像本身出发，将图像内容分为目标对象以及背景信息两个部分。目标对象作为拍摄地主要目的应当清晰完整地呈现，而背景信息中可能包含不必要的隐私信息（例如位置、环境、行人等），具有隐私泄露的风险应该去除。考虑到以往图像隐私处理算法会过度处理隐私信息，使得图像失去进一步数据分析的实用性，本章提出一种 PPUP-GAN 的图像隐私保护模型，主要思想为采取折中的方式保留图像整体实用性的同时改变冗余的背景信息。实验结果表明，经过 PPUP-GAN 模型处理以后的图像不仅降低了隐私泄露的风险，还可以用于后续的图像分析，能够实现图像转换的三个目标。此外，经过安全性分析表明该模型能够有效地抵御模型逆向攻击，具有较好的鲁棒性。因此，PPUP-GAN 模型能够为无人机航拍提供有效地隐私保护效果。

参考文献

[1] Zhang Y, Sun Y, Jin R, et al. High-performance isolation computing technology for smart IoT healthcare in cloud environments [J]. IEEE Internet of Things Journal, 2021, 8 (23): 16982~16879.

[2] Liu W, Guo J, Yao F, et al. Adaptive protocol generation for group collaborative in smart medical waste transportation [J]. Future Generation Computer Systems, 2020, 110: 167~180.

[3] Malhotra M, Ganjoo M, Kulkarni S, et al. Mitigating Iot Attacks in Smart Medical Networks Using Enhanced Dirichlet Based Algorithm for Trust Management System [C]//2020 IEEE International Conference on Electronics, Computing and Communication Technologies (CONECCT). IEEE, 2020: 1~6.

[4] Chen B, Qiao S, Zhao J, et al. A Security Awareness and Protection System for 5G Smart Healthcare Based on Zero-Trust Architecture [J]. IEEE Internet of Things Journal, 2020, 8 (13): 10248~10263.

[5] 倪明选，张黔，谭浩宇，等. 智慧医疗——从物联网到云计算 [J]. 中国科学：信息科学, 2013, 43 (4): 515~528.

[6] 闫玺玺，原笑含，汤永利，等. 基于区块链且支持验证的属性基搜索加密方案 [J]. 通信学报, 2020, 41 (2): 187~198.

[7] 郑值，徐童，秦川，等. 基于多源情境协同感知的药品推荐 [J]. 计算机研究与发展, 2020, 57 (8): 1741~1754.

[8] 曾诗钦，霍如，黄韬，等. 区块链技术研究综述：原理，进展与应用 [J]. 通信学报, 2020, 41 (1): 134~151.

[9] Adikari A, Alahakoon D. Understanding Citizens' Emotional Pulse in a Smart City Using Artificial Intelligence [J]. IEEE Transactions on Industrial Informatics, 2020, 17 (4): 2743~2751.

[10] 李洪涛，郭俐君，郭锋，等. 基于 MapReduce 模型的城市大数据采集隐私保护方案 [J]. 通信学报, 2018, 39 (A2): 35~43.

[11] Shah V K, Luciano B, Silvestri S, et al. A Diverse Band-Aware Dynamic Spectrum Access Network Architecture for Delay-Tolerant Smart City Applications [J]. IEEE Transactions on Network and Service Management, 2020, 17 (2): 1125~1139.

[12] Xia Z, Xue S, Wu J, et al. Deep Reinforcement Learning for Smart City Communication Networks [J]. IEEE Transactions on Industrial Informatics, 2020, 17 (6): 4188~4196.

[13] Dua A, Kumar N, Das A K, et al. Secure Message Communication Protocol Among Vehicles in Smart City [J]. IEEE Transactions on Vehicular Technology, 2018, 67 (5): 4359~4373.

[14] Xia S, Lin F, Chen Z, et al. A Bayesian game based vehicle-to-vehicle electricity trading scheme for blockchain-enabled internet of vehicles [J]. IEEE Transactions on Vehicular Technology, 2020, 69 (7): 6856~6868.

[15] Liu W, Watanabe Y, Shoji Y. Vehicle-Assisted Data Delivery in Smart City: A Deep Learning Approach [J]. IEEE Transactions on Vehicular Technology, 2020, 69 (11): 13849~13860.

[16] Said D, Mouftah H T. A novel electric vehicles charging/discharging management protocol based on queuing model [J]. IEEE Transactions on Intelligent Vehicles, 2019, 5 (1): 100~111.

[17] Acharya S, Dvorkin Y, Karri R. Public plug-in electric vehicles grid data: Is a new cyberattack vector viable? [J]. IEEE Transactions on Smart Grid, 2020, 11 (6): 5099~5113.

[18] Zhu L, Yu F R, Wang Y, et al. Big data analytics in intelligent transportation systems: A survey [J]. IEEE Transactions on Intelligent Transportation Systems, 2018, 20 (1): 383~398.

[19] Chen C, Xiao T, Qiu T, et al. Smart-contract-based economical platooning in blockchain-enabled urban internet of vehicles [J]. IEEE Transactions on Industrial Informatics, 2019, 16 (6): 4122~4133.

[20] Chekired D A, Khoukhi L, Mouftah H T. Fog-Computing-Based Energy Storage in Smart Grid: A Cut-Off Priority Queuing Model for Plug-In Electrified Vehicle Charging [J]. IEEE Transactions on Industrial Informatics, 2019, 16 (5): 3470~3482.

[21] Rasouli A, Tsotsos J K. Autonomous vehicles that interact with pedestrians: A survey of theory and practice [J]. IEEE Transactions on Intelligent Transportation Systems, 2019, 21 (3): 900~918.

[22] Lv Y, Duan Y, Kang W, et al. Traffic flow prediction with big data: a deep learning approach [J]. IEEE Transactions on Intelligent Transportation Systems, 2014, 16 (2): 865~873.

[23] Zhao L, Song Y, Zhang C, et al. T-gcn: A temporal graph convolutional network for traffic prediction [J]. IEEE Transactions on Intelligent Transportation Systems, 2019, 21 (9): 3848~3858.

[24] Cui Z, Henrickson K, Ke R, et al. Traffic graph convolutional recurrent neural network: A deep learning framework for network-scale traffic learning and forecasting [J]. IEEE Transactions on Intelligent Transportation Systems, 2019, 21 (11): 4883~4894.

[25] Viegas E K, Santin A O, Abreu V. Machine Learning Intrusion Detection in Big Data Era: A Multi-Objective Approach for Longer Model Lifespans [J]. IEEE Transactions on Network Science and Engineering, 2021, 8 (1): 366~376.

[26] Cao X, Liu L, Cheng Y, et al. Towards energy-efficient wireless networking in the big data era: A survey [J]. IEEE Communications Surveys & Tutorials, 2017, 20 (1): 303~332.

[27] Siarry P, Sangaiah A K, Lin Y B, et al. Guest Editorial: Special Section on Cognitive Big Data Science Over Intelligent IoT Networking Systems in Industrial Informatics [J]. IEEE Transactions on Industrial Informatics, 2020, 17 (3): 2112~2115.

[28] Yuan X, Wang X, Wang C, et al. Towards privacy-preserving and practical image-centric social discovery [J]. IEEE Transactions on Dependable and Secure Computing, 2016, 15 (5): 868~882.

[29] 方兴. 以数据为中心，以风险为驱动的数据安全治理体系 [J]. 中国信息安全，2019 (12): 77.

[30] Li H, Yang Y, Dai Y, et al. Achieving secure and efficient dynamic searchable symmetric encryption over medical cloud data [J]. IEEE Transactions on Cloud Computing, 2017,

8 (2): 484~494.

[31] 李西明，陶汝裕，粟晨，等．一种灵活的精度可控的可搜索对称加密方案 [J]. 计算机研究与发展，2020，57 (1)：1~16.

[32] Díaz E A H, Meana H M P, García V M S. Encryption of RGB images by means of a novel cryptosystem using elliptic curves and chaos [J]. IEEE Latin America Transactions, 2020, 18 (8): 1407~1415.

[33] Ge R, Yang G, Wu J, et al. A novel chaos-based symmetric image encryption using bit-pair level process [J]. IEEE Access, 2019, 7: 99470~99480.

[34] Faragallah O S, Afifi A, El-Shafai W, et al. Investigation of chaotic image encryption in spatial and FrFT domains for cybersecurity applications [J]. IEEE Access, 2020, 8: 42491~42503.

[35] Chen C, Sun K, Xu Q. A color image encryption algorithm based on 2D-CIMM chaotic map [J]. China Communications, 2020, 17 (5): 12~20.

[36] Skarmeta A F, Hernandez-Ramos J L, Moreno M V. A decentralized approach for security and privacy challenges in the internet of things [C]//2014 IEEE world forum on Internet of Things (WF-IoT). IEEE, 2014: 67~72.

[37] Li C, Feng B, Li S, et al. Dynamic analysis of digital chaotic maps via state-mapping networks [J]. IEEE Transactions on Circuits and Systems I: Regular Papers, 2019, 66 (6): 2322~2335.

[38] Khan A N, Fan M Y, Malik A, et al. Advancements in reversible data hiding in encrypted images using public key cryptography [C]//2019 2nd International Conference on Intelligent Communication and Computational Techniques (ICCT). IEEE, 2019: 224~229.

[39] Zhang Y. The fast image encryption algorithm based on lifting scheme and chaos [J]. Information Sciences, 2020, 520: 177~194.

[40] Cui J, Wang Y, Zhang J, et al. Full Session Key Agreement Scheme Based on Chaotic Map in Vehicular Ad Hoc Networks [J]. IEEE Transactions on Vehicular Technology, 2020, 69 (8): 8914~8924.

[41] Liu L, Hao S, Lin J, et al. Image block encryption algorithm based on chaotic maps [J]. IET Signal Processing, 2018, 12 (1): 22~30.

[42] Yi S, Zhou Y. Separable and reversible data hiding in encrypted images using parametric binary tree labeling [J]. IEEE Transactions on Multimedia, 2018, 21 (1): 51~64.

[43] Tang Z, Yang Y, Xu S, et al. Image encryption with double spiral scans and chaotic maps [J]. Security and Communication Networks, 2019: 1~15.

[44] Ye G. Image scrambling encryption algorithm of pixel bit based on chaos map [J]. Pattern Recognition Letters, 2010, 31 (5): 347~354.

[45] Lee T F, Chen M. Lightweight identity-based group key agreements using extended chaotic maps for wireless sensor networks [J]. IEEE Sensors Journal, 2019, 19 (22): 10910~10916.

[46] Alawida M, Samsudin A, Teh J S, et al. A new hybrid digital chaotic system with applications in image encryption [J]. Signal Processing, 2019, 160: 45~58.

[47] Xu L, Li Z, Li J, et al. A novel bit-level image encryption algorithm based on chaotic maps

[J]. Optics and Lasers in Engineering, 2016, 78: 17~25.

[48] Sivakumar T, Venkatesan R, Sivakumar T, et al. A Novel Image Encryption Method with Z-Order Curve and Random Number [J]. International Journal of Computer Applications, 2014, 103 (12): 17~25.

[49] Abbasinezhad-Mood D, Ostad-Sharif A, Mazinani S M, et al. Provably Secure Escrow-Less Chebyshev Chaotic Map-Based Key Agreement Protocol for Vehicle to Grid Connections with Privacy Protection [J]. IEEE Transactions on Industrial Informatics, 2020, 16 (12): 7287~7294.

[50] Chatterjee S, Roy S, Das A K, et al. Secure biometric-based authentication scheme using Chebyshev chaotic map for multi-server environment [J]. IEEE Transactions on Dependable and Secure Computing, 2016, 15 (5): 824~839.

[51] Muhammad K, Hamza R, Ahmad J, et al. Secure Surveillance Framework for IoT Systems Using Probabilistic Image Encryption [J]. IEEE Transactions on Industrial Informatics, 2018: 3679~3689.

[52] Rijmen V, Daemen J. Advanced encryption standard [J]. Proceedings of Federal Information Processing Standards Publications, National Institute of Standards and Technology, 2001: 19~22.

[53] Chan H, Gligor V D, Perrig A, et al. On the distribution and revocation of cryptographic keys in sensor networks [J]. IEEE Transactions on Dependable and Secure Computing, 2005, 2 (3): 233~247.

[54] Shamir A. How to share a secret [J]. Communications of the ACM, 1979, 22 (11): 612~613.

[55] Thien C C, Lin J C. Secret image sharing [J]. Computers & Graphics, 2002, 26: 765~770.

[56] Lin C, Harn L. Unconditionally secure multi-secret sharing scheme [C]//2012 IEEE International Conference on Computer Science and Automation Engineering (CSAE). IEEE, 2012, 1: 169~172.

[57] 董业，侯炜，陈小军，等. 基于秘密分享和梯度选择的高效安全联邦学习 [J]. 计算机研究与发展，2020，57 (10)：2241~2250.

[58] Gutub A, Al-Juaid N, Khan E. Counting-based secret sharing technique for multimedia applications [J]. Multimedia Tools and Applications, 2019, 78 (5): 5591~5619.

[59] Liu Y, Zhao Q. E-voting scheme using secret sharing and K-anonymity [J]. World Wide Web, 2019, 22 (4): 1657~1667.

[60] Yuan L, Li M, Guo C, et al. A verifiable e-voting scheme with secret sharing [C]//2015 IEEE 16th International Conference on Communication Technology (ICCT). IEEE, 2015: 304~308.

[61] Chen H, Wu H L, Chang C C, et al. Light Repository Blockchain System with Multisecret Sharing for Industrial Big Data [J]. Security & Communication Networks, 2019 (12): 1~7.

[62] Chen Z, Tian Y, Peng C. An incentive-compatible rational secret sharing scheme using blockchain and smart contract [J]. Science China Information Sciences, 2021, 64 (10):

1896~1919.

[63] Fukumitsu M, Hasegawa S, Iwazaki J, et al. A proposal of a secure P2P-type storage scheme by using the secret sharing and the blockchain [C]//2017 IEEE 31st International Conference on Advanced Information Networking and Applications (AINA). IEEE, 2017: 803~810.

[64] Zheng W, Wang K, Wang F Y. GAN-based key secret-sharing scheme in blockchain [J]. IEEE Transactions on Cybernetics, 2020, 51 (1): 393~404.

[65] Zhou L, Wang L, Sun Y. MIStore: a blockchain-based medical insurance storage system [J]. Journal of Medical Systems, 2018, 42 (8): 1~17.

[66] Rakesh S, Kaller A A, Shadakshari B C, et al. Image encryption using block based uniform scrambling and chaotic logistic mapping [J]. International Journal on Cryptography and Information Security (IJCIS), 2012, 2 (1): 49~57.

[67] Saraswathi P V, Venkatesulu M. A Block Cipher Algorithm for Multimedia Content Protection with Random Substitution using Binary Tree Traversal [J]. Journal of Computer Science, 2012, 8: 1541~1546.

[68] Blakley G R. Safeguarding cryptographic keys [C]//Managing Requirements Knowledge, International Workshop on. IEEE Computer Society, 1979: 313.

[69] Sauer T, Xu Y. On Multivariate Lagrange Interpolation [J]. Mathematics of Computation, 1995, 64: 1147~1170.

[70] Asmuth C, Bloom J. A modular approach to key safeguarding [J]. IEEE Transactions on Information Theory, 1983, 29: 208~210.

[71] Karnin E, Greene J, Hellman M. On secret sharing systems [J]. IEEE Transactions on Information Theory, 1983, 29 (1): 35~41.

[72] Cheng Y, Fu Z, Yu B. Improved Visual Secret Sharing Scheme for QR Code Applications [J]. IEEE Transactions on Information Forensics and Security, 2018, 13: 2393~2403.

[73] Guo C, Chang C, Qin C. A hierarchical threshold secret image sharing [J]. Pattern Recognition Letters, 2012, 33 (1): 83~91.

[74] Chan C S, Lin C Y, Lin Y H. Apply the modulus function to secret image sharing [J]. International Journal of Innovative Computing Information and Control, 2012, 8 (1A): 375~385.

[75] Chen C C, Chen S C. Two-layered structure for optimally essential secret image sharing scheme [J]. Journal of Visual Communication and Image Representation, 2016, 38: 595~601.

[76] Li P, Yang C N, Wu C C, et al. Essential secret image sharing scheme with different importance of shadows [J]. Journal of Visual Communication & Image Representation, 2013, 24 (7): 1106~1114.

[77] Li P, Yang C N, Zhou Z. Essential secret image sharing scheme with the same size of shadows [J]. Digital Signal Processing, 2016, 50: 51~60.

[78] Chen C C, Tsai Y H. An Expandable Essential Secret Image Sharing Structure [J]. Journal of Information Hiding and Multimedia Signal Processing, 2016, 7 (1): 135~144.

[79] Chen C C. Essential secret image sharing scheme with equal-sized shadows generation [J].

Journal of Visual Communication and Image Representation, 2018, 52: 143~150.

[80] Yang C N, Li P, Wu C C, et al. Reducing shadow size in essential secret image sharing by conjunctive hierarchical approach [J]. Signal Processing: Image Communication, 2015, 31: 1~9.

[81] Chen C C, Chen S C. Two-layered structure for optimally essential secret image sharing scheme [J]. Journal of Visual Communication and Image Representation, 2016, 38: 595~601.

[82] Frosh P. Inside the image factory: stock photography and cultural production [J]. Media Culture & Society, 2001, 23 (5): 625~646.

[83] Feighery W . Tourism, stock photography and surveillance: a Foucauldian interpretation [J]. Journal of Tourism & Cultural Change, 2009, 7 (3): 161~178.

[84] Glückler J, Panitz R. Unpacking social divisions of labor in markets: Generalized blockmodeling and the network boom in stock photography [J]. Social Networks, 2016, 47: 156~166.

[85] Fang W P, Lin J C. Progressive viewing and sharing of sensitive images [J]. Pattern Recognition and Image Analysis, 2006, 16 (4): 632~636.

[86] Chen T H, Lee Y S, et al. Quality-adaptive visual secret sharing by random grids [J]. Journal of Systems & Software, 2013, 86: 1267~1274.

[87] Hua Z, Zhou B, Zhou Y. Sine Chaotification Model for Enhancing Chaos and Its Hardware Implementation [J], IEEE Transactions on Industrial Electronics, 2019, 66 (2): 1273~1284.

[88] Nezhad S Y D, Safdarian N, Zadeh S A H, New method for fingerprint images encryption using DNA sequence and chaotic tent map [J]. Optik, 2020, 22 (7): 165661.

[89] Gao X, Cheng M, Li S, et al. Unveil the Time Delay Signature in Delayed Chaotic Communication System via CNN [C]//IEEE International Conference on Communications (ICC), Dublin, Ireland: IEEE, 2020: 1~6.

[90] Chen J, Chen L, Zhou Y, Cryptanalysis of Image Ciphers with Permutation-Substitution Network and Chaos [J], IEEE Transactions on Circuits and Systems for Video Technology, 2021, 31 (6): 2494~2508.

[91] Mansouri Aand Wang X, A novel one-dimensional chaotic map generator and its application in a new index representation-based image encryption scheme [J]. Information Sciences, 2021, 563 (8): 91~110.

[92] Behnia S, Akhshani A, Ahadpour S, et al. Akhavan, A fast chaotic encryption scheme based on piecewise nonlinear chaotic maps [J]. Physics Letters A, 2007, 366: 391~396.

[93] Muhammad K, Sajjad M, Mehmood I. A novel magic LSB substitution method (M-LSB-SM) using multi-level encryption and achromatic component of an image [J]. Multimedia Tools and Applications, 2016, 75: 14867~14893.

[94] Nematzadeh H, Enayatifar R, Yadollahi M. Binary search tree image encryption with DNA [J]. Optik, 2022, 202: 163505.

[95] Diffie W, Hellman M. New directions in cryptography [J]. IEEE Trans. on Information Theory, 1976, 22 (6): 644~654.

[96] Rivest L R, Adleman L, Dertouzos M. On data banks and privacy homomorphisms [M]. In: Foundations of Secure Computation, 1978: 169~180.

[97] Dan B, Eu-Jin G, Kobbi N. Evaluating 2-dnf formulas on ciphertexts [C]//International Conference on Theory of Cryptography, Berlin: Spring, 2005: 325~341.

[98] Zhou H, Wornell G. Efficient homomorphic encryption on integer vectors and its applications [C]//2014 Information Theory and Applications Workshop (ITA), San Diego, CA, USA: IEEE, 2014: 1~9.

[99] Alawida M, Samsudin A, Teh J S, et al. A new hybrid digital chaotic system with applications in image encryption [J]. Signal Processing, 2019, 160: 45~58.

[100] Tang Z, Yang Y, Xu S, et al. Image encryption with double spiral scans and chaotic maps [J]. Security and Communication Networks, 2019, 2019: 1~5.

[101] Goodfellow I, Pouget-Abadie J, Mirza M, et al. Generative adversarial networks [J]. Communications of the ACM, 2020, 63 (11): 139~144.

[102] Dong G, Liao G, Liu H, et al. A review of the autoencoder and its variants: A comparative perspective from target recognition in synthetic-aperture radar images [J]. IEEE Geoscience and Remote Sensing Magazine, 2018, 6 (3): 44~68.

[103] Siddique N, Paheding S, Elkin C P, et al. U-net and its variants for medical image segmentation: A review of theory and applications [J]. IEEE Access, 2021, 9: 82031~82057.

[104] Isola P, Zhu J Y, Zhou T, et al. Image-to-image translation with conditional adversarial networks [C]//Proceedings of the IEEE conference on computer vision and pattern recognition, 2017: 1125~1134.

[105] Mirza M, Osindero S. Conditional generative adversarial nets [J]. arXiv preprint arXiv: 1411. 1784, 2014.

[106] Redmon J, Divvala S, Girshick R, et al. You only look once: Unified, real-time object detection [C]//Proceedings of the IEEE conference on computer vision and pattern recognition, 2016: 779~788.

[107] Bochkovskiy A, Wang C Y, Liao H Y M. Yolov4: Optimal speed and accuracy of object detection [J]. arXiv preprint arXiv: 2004. 10934, 2020.

[108] Nguyen T, Le T, Vu H, et al. Dual discriminator generative adversarial nets [J]. Advances in neural information processing systems, 2017: 2667~2677.

[109] Du D, Qi Y, Yu H, et al. The unmanned aerial vehicle benchmark: Object detection and tracking [C]//Proceedings of the European conference on computer vision (ECCV), 2018: 370~386.

[110] Zhu J Y, Park T, Isola P, et al. Unpaired image-to-image translation using cycle-consistent adversarial networks [C]//Proceedings of the IEEE international conference on computer vision, 2017: 2223~2232.